Fabien Guimiot

Etude fonctionnelle de Fkbp25 et Fkbp36 dans le développement neuronal

Fabien Guimiot

Etude fonctionnelle de Fkbp25 et Fkbp36 dans le développement neuronal

Des cellules souches aux neurones

Presses Académiques Francophones

Mentions légales / Imprint (applicable pour l'Allemagne seulement / only for Germany)
Information bibliographique publiée par la Deutsche Nationalbibliothek: La Deutsche Nationalbibliothek inscrit cette publication à la Deutsche Nationalbibliografie; des données bibliographiques détaillées sont disponibles sur internet à l'adresse http://dnb.d-nb.de.
Toutes marques et noms de produits mentionnés dans ce livre demeurent sous la protection des marques, des marques déposées et des brevets, et sont des marques ou des marques déposées de leurs détenteurs respectifs. L'utilisation des marques, noms de produits, noms communs, noms commerciaux, descriptions de produits, etc, même sans qu'ils soient mentionnés de façon particulière dans ce livre ne signifie en aucune façon que ces noms peuvent être utilisés sans restriction à l'égard de la législation pour la protection des marques et des marques déposées et pourraient donc être utilisés par quiconque.

Photo de la couverture: www.ingimage.com

Editeur: Presses Académiques Francophones est une marque déposée de Südwestdeutscher Verlag für Hochschulschriften GmbH & Co. KG
Heinrich-Böcking-Str. 6-8, 66121 Sarrebruck, Allemagne
Téléphone +49 681 37 20 271-1, Fax +49 681 37 20 271-0
Email: info@presses-academiques.com

Produit en Allemagne:
Schaltungsdienst Lange o.H.G., Berlin
Books on Demand GmbH, Norderstedt
Reha GmbH, Saarbrücken
Amazon Distribution GmbH, Leipzig
ISBN: 978-3-8381-7142-5

Imprint (only for USA, GB)
Bibliographic information published by the Deutsche Nationalbibliothek: The Deutsche Nationalbibliothek lists this publication in the Deutsche Nationalbibliografie; detailed bibliographic data are available in the Internet at http://dnb.d-nb.de.
Any brand names and product names mentioned in this book are subject to trademark, brand or patent protection and are trademarks or registered trademarks of their respective holders. The use of brand names, product names, common names, trade names, product descriptions etc. even without a particular marking in this works is in no way to be construed to mean that such names may be regarded as unrestricted in respect of trademark and brand protection legislation and could thus be used by anyone.

Cover image: www.ingimage.com

Publisher: Presses Académiques Francophones is an imprint of the publishing house Südwestdeutscher Verlag für Hochschulschriften GmbH & Co. KG
Heinrich-Böcking-Str. 6-8, 66121 Saarbrücken, Germany
Phone +49 681 37 20 271-1, Fax +49 681 37 20 271-0
Email: info@presses-academiques.com

Printed in the U.S.A.
Printed in the U.K. by (see last page)
ISBN: 978-3-8381-7142-5

UNIVERSITE PARIS 7-DENIS DIDEROT
UFR Biologie et science de la nature

Année 2003

THESE
Pour l'obtention du diplôme de

DOCTEUR DE L'UNIVERSITE PARIS 7
Physiologie du développement et de la différenciation
fonctionnelle

Présentée et soutenue publiquement

Par

Fabien GUIMIOT

Le 24 Octobre 2003

Etude fonctionnelle de deux immunophilines, Fkbp25 et Fkbp36
dans le développement neuronal

Directeur de thèse : Pr Michel SIMONNEAU

Jury

Pr Jacques ELION	Président
Dr Didier JOB	Rapporteur
Dr Nadia DAHMANE	Rapporteur
Dr Anne Lyse DELEZOIDE	Examinateur
Dr Jean Marc RICORT	Examinateur
Dr Béatrice CHAMBRAUD	Examinateur

REMERCIEMENTS

Je remercie tout d'abord les Professeurs Cl. Gaultier et Ph. Evrard de m'avoir accueilli au sein de l'unité E9935.

Je remercie le Professeur Michel Simonneau de m'avoir dirigé, conseillé et soutenu durant toutes mes années de thèse et de DEA. Je tiens à lui exprimer toute ma reconnaissance.

Je remercie le Professeur A. Ktorza de m'avoir accueilli dans sa formation doctorale.

Je remercie également les Docteurs Jean-Marie Moalic et Francine Bourgeois pour leurs conseils et leur aide.

Je remercie le Professeur J. Elion de m'avoir fait l'honneur de présider cette thèse.

Mes remerciements vont également aux Docteurs AL. Delezoide, N. Dahmane, B. Chambraud, D. Job et JM. Ricort pour avoir accepté de participer au jury de ma thèse.

Je remercie mes collègues et leur souhaite bon courage.

TABLE DES MATIERES

INTRODUCTION

Le développement du cerveau humain s'organise autour de trois étapes majeures qui sont la prolifération, la migration et la différentiation des cellules neuronales. Au cours de ces différentes étapes, les cellules subissent d'importants remaniements de leur cytosquelette. Celui-ci est constitué de plusieurs filaments dont l'actine et les microtubules.

Lors de la prolifération, la division cellulaire nécessite l'établissement du fuseau mitotique qui va permettre la séparation des deux futures cellules filles. Lors de la migration, les neurones utilisent deux systèmes de migration radiaire : la translocation nucléaire et la locomotion. La translocation nucléaire permet à la cellule de se mouvoir par l'intermédiaire de son noyau jusqu'à la surface du cortex, raccourcissant ainsi son processus d'élongation pilote (ou « leading process »). La locomotion, au cours de laquelle le processus d'élongation pilote est maintenu, permet à la cellule de se déplacer sur une trame de cellules gliales. Lors de la différenciation, la croissance neuritique nécessite l'apport de protéines spécifiques qui se fait, en particulier, par l'intermédiaire de protéines liant les ARN messagers, les transportant jusqu'à leur site définitif où la traduction en protéines se fait localement. L'ensemble de ces trois mécanismes implique une réorganisation et une régulation des filaments du cytosquelette et principalement des microtubules.

Plusieurs types de molécules interviennent dans ces processus dont une catégorie très importante qui sont les protéines associées aux microtubules (MAPs).

L'altération . d'un des trois mécanismes ci-dessus peut entraîner des maladies du développement neurologique qui vont avoir pour conséquence majeure un retard mental sévère, ainsi que cela est observé dans des pathologies telles que la lissencéphalie, les retards mentaux idiopathiques ou liés à l'X ou dans le syndrome de l'X-fragile. L'étude de ces pathologies a permis d'avancer dans la compréhension de ces trois mécanismes et nous allons faire le point sur l'ensemble des données disponibles actuellement pour : 1) la mise en place du fuseau mitotique lors de la division cellulaire, 2) la translocation nucléaire et la locomotion au cours de la migration neuronale et 3) le transport des ARNs messagers au niveau des dendrites.

Dans une deuxième approche nous détaillerons les stratégies permettant d'identifier des molécules impliquées dans ces mécanismes moléculaires en comparant les techniques actuellement disponibles. Puis nous nous focaliserons sur un type particulier de molécules que nous avons identifié, les immunophilines Fkbp25 et Fkbp36, et pour lesquelles nos résultats suggèrent qu'elles participent à un ou plusieurs des mécanismes évoqués.

1 La mise en place du fuseau mitotique lors de la division cellulaire

Le centrosome est une structure que l'on appelle aussi centre organisateur des microtubules (MTOC), il est impliqué dans la régulation des microtubules à la fois au cours de la migration cellulaire et de la division cellulaire et notamment au cours de la mitose.

1.1 La composition du centrosome

Initialement identifié par Walter Flemming (99) comme un organelle de la division cellulaire avant d'être nommé 'centrosome' par Théodore Boveri (34), le centrosome se compose de deux principales structures : les centrioles situés au cœur du centrosome et le matériel péri-centriolaire (PCM) (Fig. 1).

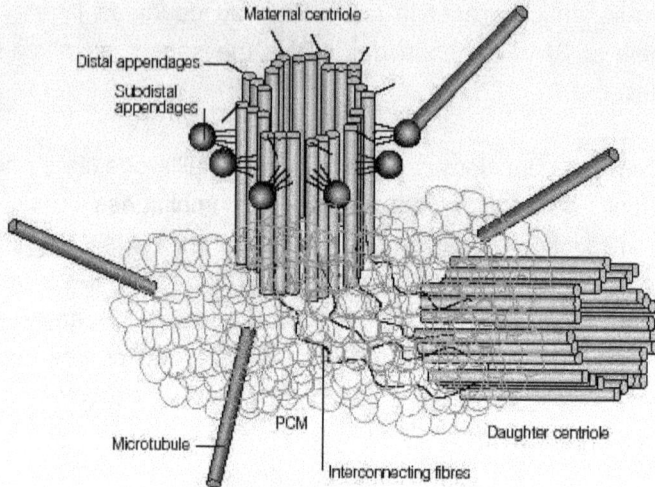

Maternal centriole
Distal appendages
Subdistal appendages
Microtubule
PCM
Daughter centriole
Interconnecting fibres

(d'après Doxsey, 2001)

Figure 1: Structure du centrosome. Visualisation d'une paire de centrioles constitués chacun de neuf triplets de microtubules. Chaque centriole est entouré de son matériel péricentriolaire (PCM) à partir duquel les microtubules sont formés près des extrémités internes de chaque centriole. Seul le centriole maternel présente deux jeux d'appendices externes, un distal et un sous distal. Une série de fibres interconnectrices, différentes de celles du matériel péricentriolaire (PCM), relie les extrémités les plus proches des deux centrioles.

1.1.1 Les centrioles

En microscopie électronique, les centrioles s'apparentent à deux structures à la forme cylindrique, chacune constituée de neuf triplets de microtubules arrangés en cercle. Le centrosome renferme deux centrioles différents : un centriole mère et un centriole fille. Ils sont entourés par le PCM qui est le site majeur de la nucléation des microtubules cytoplasmiques et du fuseau mitotique. Dans les cellules de mammifères, des petits appendices situés sur la partie distale du centriole mère ont été identifiés (272), ce qui le différencie du centriole fille. Ces appendices se composent de deux polypeptides majeurs : la δ-tubuline et la ε-tubuline, produit des gènes *UNI3* et *BLD2* chez *Chlamydomonas reinhardtii* (88-90). Ces deux isoformes de la tubuline sont conservées chez les mammifères et ont un rôle dans la duplication des centrioles (56). Une autre protéine conservée, la centrine (298), protéine liant le calcium, est également localisée au niveau de la lumière de chaque centriole et de leur fibres communicantes (268, 295). Dans les cellules humaines il existe au moins trois isoformes de centrine. La phosphorylation de l'isoforme 2 (centrine-2) est nécessaire à la séparation et à la duplication des centrioles (219, 299). Les centrioles ne sont pas présents dans tous les types cellulaires. Ils sont notamment absents des oocytes de plusieurs espèces animales (339) mais aussi au niveau des pôles du fuseau mitotique chez les plantes supérieures et les champignons (64, 155, 232), ce qui suggère que les centrioles ne sont pas indispensables à la fonction du centrosome en phase M.

1.1.2 Les complexes γTuRC

La nucléation des microtubules à partir du PCM nécessite l'intervention de complexes de γ-tubuline particuliers, les γTuRC (pour « γ-Tubulin Ring Complex ») (163, 243). Ces complexes sont formés d'une sous unité principale composée d'un tétramère de deux molécules de γ-tubuline et de deux autres protéines connues comme Spc97p et Spc98p chez la levure, Dgrips84 et Dprips91 chez la Drosophile et GCP2 et GCP3 chez les mammifères (182, 250, 264). Les γTuRC comprennent six ou sept tétramères coiffés de quatre autres molécules pour former l'hélice de treize protofilaments caractéristique des microtubules. De plus, pour faciliter cette nucléation des microtubules, ce complexe est également actif pendant l'anaphase, au cours de l'élongation (267, 277, 363) et de l'organisation (17, 300) des fuseaux mitotiques ainsi que dans la régulation de la sortie du cycle cellulaire (139, 358, 359).

1.1.3 Le matériel péri-centriolaire (PCM)

Le PCM est un réseau constitué de fibres et d'agrégats protéiques qui forment une matrice ou un treillage. Ce treillage est élaboré à partir de membres de la famille des péricentrines qui s'ancrent à d'autres composants du PCM. Ainsi, la péricentrine A se lie à la protéine GCP3 des γTuRC pour former un large complexe cytoplasmique et la péricentrine B interagit avec une autre protéine du centrosome nommée CG-NAP (pour « Centrosome and Golgi localized PKN-associated protein ») (346). CG-NAP se lie également à des protéines kinases et phosphatases telles que PKN, PKA, PKC-ε, PP1 et PP2A (344, 345). La péricentrine B se lie également à la PKA et PCM-1 (81, 207), ce qui suggère que ces deux protéines CG-NAP et péricentrine B sont capables de diriger ces protéines kinases et phosphatases vers le centrosome.

1.2 La migration des centrosomes : formation des asters

L'anatomie des centrosomes est clairement régulée au cours de la division cellulaire. Les centrosomes doivent subir des cycles réguliers de duplications et de séparations de concert avec les chromosomes eux-mêmes. A l'intérieur des centrosomes, les deux centrioles sont disposés selon un arrangement orthogonal entre eux tout au long des différentes étapes du cycle cellulaire mais cette organisation est désorientée pendant la phase G1 en prévision de leur duplication. La duplication des centrosomes est semi-conservative et se déclenche en milieu de la phase G1 par l'activité des complexes Cdk2/cycline E et Cdk2/cycline D (141). La duplication commence par la séparation d'un côté, de la paire de centrioles et la formation d'une ébauche, le procentriole, à chaque extrémité proximale des centrioles parentaux. L'élongation des centrioles s'effectue au cours de la phase S pour aboutir à la prophase à deux paires de centrioles à l'intérieur du PCM. La maturité des centrioles n'est complète qu'avec l'apparition des marqueurs centriolaires tels que la cénexine et la connexine/Odf2 (200, 253). Ce processus est distinct de la maturation du centrosome qui apparaît lorsque le PCM s'étend en phase G2-M pour amorcer la polymérisation d'un nombre suffisant de microtubules mitotiques. Dans plusieurs types cellulaires, la séparation du centrosome commence au cours de la prophase par la perte de cohésion des deux centrioles parentaux induite par l'ubiquitination ou la protéolyse de la protéine C-Nap1 (105, 229). Cette protéine sert en effet de pont entre les deux centrioles et est soumise à l'action de la protéine kinase centriolaire Nek-2, ce qui la rend susceptible à ces deux mécanismes de dégradation protéique. Les centrosomes formés alors d'un centriole parental et d'un centriole nouvellement synthétisé migrent autour du noyau jusqu'aux deux pôles diamétralement opposés pour former les asters. Récemment, une autre protéine kinase nommée ZYG-1 et impliquée dans la duplication des centrioles a été identifiée chez *Caenorhabditis elegans* (262). Cette protéine agirait pendant la synthèse des centrioles naissants après la séparation des centrioles mères puisque les mutants *zyg-1* forment des fuseaux mitotiques monopolaires avec un simple centrosome qui ne contient qu'un seul centriole mais que la progression dans le cycle cellulaire et la capacité des centrioles à se séparer ne sont pas affectées.

1.3 La formation du centrosome

1.3.1 La formation de centrosomes de novo

De récentes avancées sur la structure et la fonction des complexes γTuRC indiquent qu'ils pourraient servir de modèles pour la nucléation des microtubules (173, 244, 369), il a même été proposé pendant un certain temps que les centrioles contenaient un acide nucléique qui servait de modèle (222). De même il a été spéculé sur l'existence dans certains types de cellules, de corps basaux formés pour élonger des cils ou des corps fibreux, qui pourraient également servir de modèle pour la nucléation des microtubules (7). Cependant les centrioles sont absents par exemple des oocytes de souris et aucune donnée ne montre l'existence de structures servant de modèles dans ces organismes, d'où l'idée que les centrioles puissent se former *de novo* (339). Cette idée vient d'être démontrée chez *Chlamydomonas* (223). Cette formation s'effectue lors de la phase S chez *Chlamydomonas* mais aussi chez les mammifères. En effet lorsque les centrosomes de cellules CHO, bloquées en phase S, sont détruits par un traitement au laser, il y a une régénération de multiples centrosomes (178). Huit heures après le traitement, des petites structures contenant de la γ-tubuline et d'autres protéines centrosomiques comme la péricentrine et la ninéine sont observées. Et vingt quatre heures après le traitement, de nouveaux centrosomes apparaissent à l'intérieur de ces structures. Il semble que cette formation *de novo* utilise les mêmes étapes que celles mise en jeu lors du cycle de duplication normal du centrosome.

1.3.2 L'assemblage des composants du centrosome

L'assemblage des composants des centrosomes s'effectue selon deux voies :
une voie dépendante des microtubules (384, 395) et une autre indépendante (177) (Fig. 2A). Pour la voie indépendante des microtubules actuellement peu de choses sont connues. La voie dépendante des microtubules requière l'action de la protéine motrice dynéine (384). L'activité de cette protéine est facilitée par son association avec la dynactine. La perturbation de ce complexe dynéine-dynactine a pour conséquence une diminution de l'assemblage des protéines du centrosome, une séparation anormale des centrioles en phase G1 et un retard dans l'entrée en phase S (279). L'étude de Quintyne et al. (1999) démontre aussi que la dynactine est présente au niveau du centrosome tout au long de l'interphase alors que la dynéine est recrutée pendant les phases S et G2 du cycle cellulaire, ce qui suggère que la dynactine pourrait recruter d'autres composants du centrosome et organiser le fuseau en préparation de la mitose. La dynéine est aussi impliquée dans le déplacement le long des microtubules en interphase de ce qu'on appelle « les satellites centriolaires » (15, 192). Récemment la protéine PCM-1 a été impliquée dans le recrutement des composants du centrosome pour ces satellites (70). Ainsi l'injection d'un anticorps dirigé contre cette protéine a pour résultat une accumulation d'agrégats de centrine et de péricentrine auxquels il manque la γ-tubuline. De plus, des expériences de RNA interférence contre PCM-1 ont montré une diminution de l'assemblage de ces protéines et de la ninéine au niveau du centrosome et une perturbation de la structure radiaire des microtubules en interphase. Ces résultats suggèrent que PCM-1 pourrait recruter la centrine, la

péricentrine et la ninéine au niveau du centrosome, le long des microtubules, selon un mécanisme dynactine dépendant.

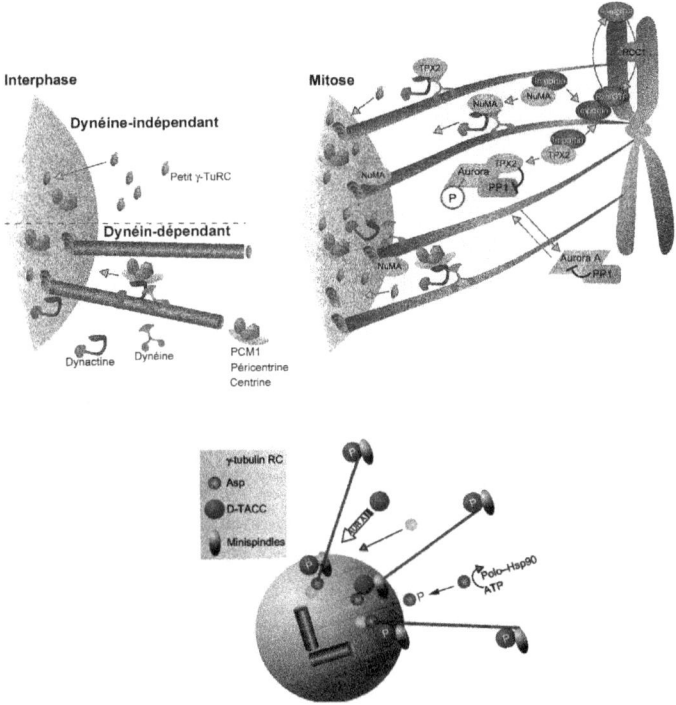

(d'après Blagden et Glover, 2003)

Figure 2: Assemblages des composants du centrosome. (A) Les complexes γ-TuRC s'associent au centrosome selon des mécanismes dynéine dépendant et indépendant. La dynactine est présente au niveau du centrosome à tous les stades du cycle cellulaire, alors que la dynéine s'accumule seulement pendant les phases S et G2. Les complexes dynactine-dynéine transportent les agrégats de péricentrine, de centrine et de ninéine au niveau du centrosome le long des microtrubules. Au cours de la mitose le facteur RCC1 associé aux chromosomes induit une augmentation des concentrations de Ran-GTP près des chromosomes induisant la dissociation des protéines NUMA et TPX2 des importines. NUMA est alors transportée jusqu'aux extrémités moins des microtubules par les complexes dynéine-dynactine. TPX2 forme un complexe avec la protéine Kinase Aurora A et inhibe la fonction de la phosphatase (PP1) de manière microtubule dépendant. La kinase Aurora A phosphorylée (active) peut alors s'accumuler et phosphoryler ses substrats associés au fuseau mitotique. (B) La Polo kinase, stabilisée par HSP90 phosphoryle Asp (en orange) et permet alors la nucléation des microtubules. La kinase Aurora A phosphoryle la protéine D-TACC (en bleu) qui se complexe avec les protéines Minispindles (en vert) pour induire la croissance des microtubules.

1.4 La mise en place du fuseau mitotique

La mise en place du fuseau mitotique nécessite le recrutement de γ-tubuline (174, 177) et l'activation d'autres molécules qui favorisent la formation des asters et du fuseau telles que TPX2 et NUMA.

1.4.1 La Ran-GTPase

Ces évènements sont facilités par les changements de rôle de la Ran, un membre de la superfamille des GTPases Ras, au moment de l'amorçage de la mitose et par l'activation séquentielle de plusieurs protéines kinases mitotiques (Fig. 2B). La Ran requière des facteurs d'activation tels que le facteur Ran-GAP (GTPase-activating protein) et le facteur Ran-BP1 (Ran binding protein 1) pour induire l'hydrolyse du GTP et le relargage de protéines. Les protéines importées dans le noyau contiennent un signal de localisation nucléaire classique et sont transloquées à travers les pores nucléaires avec l'aide des importines α et β qui leur servent de récepteurs. Une fois dans le noyau, le facteur d'échange nucléotidique se liant à la chromatine (RCC1) génère un haut gradient de concentration de Ran-GTP qui se lie à l'importine β, expulsant l'importine α et les protéines transloquées. L'association de RCC1 à la chromatine assure le maintien d'un gradient de Ran-GTP même lorsque l'enveloppe nucléaire se rompt au cours de la mitose (167, 242, 352). Cette haute concentration de Ran-GTP autour des chromosomes induit une nucléation locale des microtubules, et plusieurs groupes ont montré que cette augmentation des niveaux de GTP lié à la Ran induisait également une augmentation de la nucléation des microtubules autour des asters (170).

1.4.2 Le recrutement des protéines NUMA et TPX2

Deux des protéines transloquées par les importines α et β sont NUMA et TPX2. Une fois dans le noyau, NUMA est prise en charge par le complexe moteur dynéine-dynactine pour être transportée au niveau des extrémités moins des microtubules ou elle assurera son rôle dans la formation des microtubules (235). TPX2 initialement identifiée chez le xénope par sa liaison à la protéine motrice Xklp2, impliquée dans la stabilisation du fuseau mitotique et de ses pôles (114, 371), forme un complexe avec la protéine kinase Aurora A et inhibe ainsi la fonction de sa protéine phosphatase associée PP1 (171). La protéine kinase Aurora A est alors activée et s'accumule pour aller phosphoryler ses substrats associés au fuseau mitotique (354). Aurora A est aussi impliquée dans l'étape de duplication et de séparation des centrioles, Giet et al., (120) ont constaté une réduction de la densité de microtubules astraux chez les mutants *aurora A* et que la conséquence de cette réduction était un défaut de recrutement des protéines D-TACC et Minispindles (Msps). En effet les mutants drosophiles D-TACC ont des microtubules astraux anormalement courts ce qui conduit à l'échec du recrutement des protéines Msps (67, 115, 202), ce qui a conduit Lee et ses collaborateurs à proposer un modèle dans lequel la protéine D-TACC phosphorylée par Aurora A stabilise l'association entre les protéines Msps et l'extrémité (-) des microtubules au niveau du centrosome, permettant ainsi la stabilisation et la croissance des microtubules (Fig. 2C).

1.4.3 Les protéines Asp et Polo kinase

Chez la drosophile, la protéine NUMA est absente mais une autre protéine nommée *abnormal spindle* (*asp*) semble jouer le même rôle (291, 304). En effet la protéine Asp s'associe au centrosome durant la mitose où elle est en contact avec les microtubules (82). Il existe certainement une coopération entre Asp et les complexes γTuRC car ces deux protéines restaurent, à des préparations de centrosomes isolés, leur capacité à initier des microtubules *in vitro* (82, 245). Le résultat, en faveur de ce rôle potentiel de la protéine asp, est que chez les mutants drosophiles *asp* les asters sont larges, non focalisés et la γ-tubuline est alors dispersée. L'homologue chez la souris d'*asp* est d'ailleurs impliqué dans la division cellulaire (31). Asp s'associe également à une protéine kinase, la Polo kinase qui est impliquée dans la phosphorylation de la cycline B au niveau du centrosome lors de la mise en place du fuseau (157). La Polo kinase a aussi sa propre fonction au niveau du centrosome puisqu'elle est responsable du recrutement d'un antigène centrosomal, CP190, au cours de la mitose (336). La Polo kinase requiert la fixation d'une protéine chaperonne Hsp90 pour assurer sa stabilité au niveau du centrosome (75). Et lorsque cette liaison est rompue, la ségrégation et la maturation du centrosome sont affectées (199). De plus les protéines Asp et Polo kinase sont également impliquées dans la phase de cytokinèse, en fin de mitose (48, 290). Récemment, une autre protéine du centrosome, la centrioline, identifiée par Gromley et al., a été également impliquée dans cette étape de cytokinèse (128).

1.4.4 La protéine ZYG-8

Un autre membre de la famille des protéines ZYG, ZYG-8, vient d'être impliqué dans l'assemblage et le positionnement des microtubules du fuseau mitotique au stade une cellule chez *C. elegans* (126). En effet, l'observation chez des mutants ayant des anomalies de positionnement du fuseau au cours de l'anaphase a permis l'identification du gène codant pour la protéine ZYG-8 (372). L'analyse de sa séquence protéique a montré que ZYG-8 possédait deux domaines particuliers, un domaine Doublecortin et un domaine kinase. Le domaine Doublecortin est présent dans la séquence d'acides aminés de la protéine humaine Doublecortin (DCX) dont les mutations chez l'homme induisent la lissencéphalie et le syndrome de double cortex (80). Or une mutation identique à celle mise en évidence chez l'homme a été retrouvée chez un des mutants ZYG-8, et on sait que la protéine Doublecortin chez l'homme est une MAP qui favorise la polymérisation des microtubules (124, 147). Les auteurs ont montré que la protéine ZYG-8 était également associée aux microtubules, qu'elle induisait la polymérisation des microtubules et que cette étape nécessitait l'intervention du domaine Doublecortin intact. ZYG-8 a un orthologue mammifère qui possède aussi un domaine Doublecortin et un domaine kinase, il s'agit de la protéine DCLK (pour « Doublecortin-like kinase ») (228, 329). DCLK se lie également aux microtubules *in vivo* et *in vitro* (43, 210) et on peut vraisemblablement penser qu'il participe également à l'assemblage des microtubules pendant l'anaphase dans les cellules de mammifères, peut être les neuroblastes, même si cela n'a pas encore été démontré.

Les interactions décrites ci-dessus montrent combien le domaine Doublecortin est important et qu'une mutation de celui-ci suffit à altérer des interactions Doublecortin/protéines microtubulaires aboutissant à la maladie chez l'homme mais aussi à des anomalies neuronales chez *C. elegans*. Ces résultats tendent à prouver que ce domaine est assez bien conservé entre les différentes espèces et qu'il existe probablement d'autres protéines encore inconnues qui possèdent les mêmes propriétés.

2 La translocation nucléaire et la locomotion au cours de la migration neuronale

2.1 La Lissencéphalie

La lissencéphalie (aussi appelée cerveau lisse) se caractérise par une sévère malformation du cerveau humain correspondant à une absence ou une réduction des circonvolutions du cerveau (Fig. 3). Le cortex cérébral d'un patient atteint de la lissencéphalie apparaît anormalement fin et les couches corticales sont désorganisées. La morphologie des neurones est également altérée (5, 159, 193).

Classiquement, la lissencéphalie est souvent associée à une dysmorphie faciale caractéristique que l'on retrouve dans le syndrome de Miller-Dieker. Les patients peuvent ne présenter qu'une simple lissencéphalie sans anomalies faciales (ILS, Isolated Lissencephaly). Mais dans tous les cas, les patients sont atteints d'un retard mental sévère et présentent des crises d'épilepsie et d'autres malformations neurologiques (83).

Génétiquement la lissencéphalie est un syndrome autosomique dominant lié au chromosome 17. En effet pratiquement tous les patients ayant un syndrome de Miller-Dieker présentent des délétions hétérozygotes sur le chromosome 17 en position p13. De même, 40% des patients atteints d'ILS présentent également des micro-délétions au niveau de ce même locus (83, 216). Des études de liaisons génétiques ont permis d'identifier le gène responsable de la majeure partie des cas de lissencéphalies isolées ou associées à d'autres troubles neurologiques. Il s'agit du gène *LIS1* localisé au niveau de cette région chromosomique 17p13, (285).

Plusieurs modèles murins mutés pour le gène *LIS1* ont été développés dont un knock-out conditionnel correspondant à un allèle hypomorphe et deux knock-out standards (45, 142). L'étude des souris knock-out a montré une grande variété de

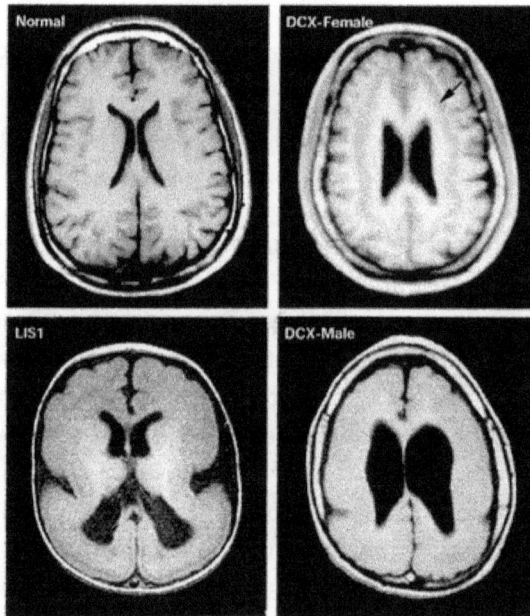

(d'après Feng et al., 2001)

Figure 3: Apparence en IRM des syndromes de lissencéphalie et de double cortex chez l'homme. Images d'IRM du cortex cérébral d'un individu sain (Normal), d'un patient porteur de mutations du gène *LIS1* (LIS1), d'une patiente porteuses de muations du gène *DCX* (DCX-Female) et d'un patient porteur de muations du gène *DCX* (DCX-Male). Notez que le patient présentant des mutations du gène LIS1 et le patient présentant des mutations du gène DCX présentent des phénotypes similaires de lissencéphalie alors que la patiente porteuse de mutations du gène DCW présente un syndrome avec double cortex dans lequel une bande de substance grise (indiquée par la flèche) est noyée à l'intérieur de la substance blanche, juste en dessous du cortex normal.

phénotypes liés au dosage génique. Tandis que les embryons homozygotes pour *LIS1* décédaient très tôt après implantation de l'oeuf, les mutants ayant une diminution des niveaux d'expression du gène *LIS1* montraient un retard de migration neuronale et des défauts de lamination corticale qui variaient en fonction de la dose génique (142). La souris « knock-out » conditionnel générée par Cahana et al. (45) exprime une protéine LIS1 tronquée puisqu'il lui manque les soixante trois premiers acides aminés aboutissant à la délétion de 2 des 3 domaines « Coiled Coil ». Cette délétion empêche alors l'homodimérisation de la protéine LIS1 et sa liaison avec la sous unité de l'enzyme PAFAH (pour « Platelet Activating Factor Acetyl Hydrolase »). En plus du retard de migration neuronale observé c'est la première fois que l'on démontre clairement des anomalies de la morphologie des neurones mais aussi des cellules gliales. C'est ainsi que la protéine LIS1 a été rapportée comme étant une MAP car elle pouvait se lier directement aux microtubules (301). Les auteurs ont montré que la protéine LIS1 co-localisait avec les microtubules et que son activité réduisait les évènements de catastrophes liés aux microtubules *in vitro*. Ces données suggéraient que la protéine LIS1 jouait un rôle dans la régulation des microtubules bien qu'elle ne possédait aucun domaine structurel voisin des MAPs, laissant supposer que LIS1 n'agissait pas directement sur les microtubules pour les réguler.

2.2 Le gène Lissencéphalie 1 (LIS1)

Le gène *LIS1* est hautement conservé à travers les espèces, il code pour une protéine de 45 KDa qui possède sept domaines répétés WD40 (285). Deux fonctions principales ont été décrites pour la protéine LIS1 de mammifère sur la base de son activité en tant que sous-unité non catalytique de l'isoforme 1B de l'acétyl hydrolase du facteur d'activation des plaquettes (PAFAH) qui catalyse la réaction d'inactivation du facteur d'activation des plaquettes (PAF) (137) et de son interaction avec les microtubules (301). Concernant la fonction de LIS1 avec la PAFAH1B, il a été proposé que l'hydrolyse du PAF puisse libérer la LIS1 de la PAFAH1B et que ceci soit un mécanisme de régulation des concentrations de LIS1 libre dans la cellule (373). La seconde fonction de LIS1 concerne son association avec les microtubules et sa régulation sur la dynéine cytoplasmique, qui passe peut-être par la protéine d'interaction avec les microtubules, CLIP-170 (aussi connue comme restin, RSN), qui relie LIS1 aux microtubules (65, 341). Cette fonction est particulièrement conservée chez les eucaryotes (214, 249).

2.2.1 LIS1 chez la levure

Les premières études rapportant un lien entre LIS1 et la dynéine cytoplasmique proviennent de l'analyse de plusieurs mutants de la distribution nucléaire (*nud*) qui affecte la nucléokinèse chez le champignon filamenteux *Aspergillus nidulans* (248, 261, 376). Une interaction génétique directe entre LIS1 et la dynéine a été révélée par la suppression du phénotype induit par les mutations du gène *nudF*, l'homologue champignon de LIS1 (375), par les mutations du gène *nudA* qui code pour la chaîne lourde de la dynéine cytoplasmique (26, 370, 374). Par conséquent, ces expériences montraient l'existence d'une interaction entre les protéines NUDF et NUDA. Depuis, on sait que l'interaction NUDF-dynéine est aussi influencée par d'autres protéines telles que NUDE, qui se lie à NUDF et à la chaîne légère de la dynéine (92, 143).

2.2.2 LIS1 chez la drosophile

Chez la drosophile, la perte de fonction chez les mutants de *Lis1* (l'homologue de LIS1) et de *Dhc64C* (qui code pour la chaîne lourde de la dynéine cytoplasmique) donne des phénotypes similaires, qui impliquent encore les deux protéines dans le positionnement nucléaire (215, 231, 337). De plus, la perte de fonction de *Lis1* ou de *Dhc64C* génère des anomalies dans la prolifération des neuroblastes et l'arborisation dendritique des neurones du « mushroom body » (214). Et plus important encore, le gain de fonction obtenue par ajout d'un allèle de *Dhc64C* supprime de manière dominante le phénotype du mutant homozygote *Lis1* (230), ce qui renforce l'idée d'une interaction entre LIS1 et la dynéine.

2.2.3 LIS1 chez les mammifères

Chez les mammifères, LIS1 interagit directement avec la chaîne lourde de la dynéine cytoplasmique (259). De plus LIS1 co-localise avec les sous unités de la dynéine et de la dynactine, qui forment un complexe régulateur pour la dynéine, au niveau de la zone ventriculaire et de la plaque corticale, au cours du développement du cortex. L'interaction LIS1-dynéine est importante pour la régulation de l'organisation des microtubules car le dosage de LIS1 régule le moteur de la dynéine dans ce processus cellulaire (324). CLIP-170 pourrait avoir un rôle dans cette organisation des microtubules régulée par LIS1 (65). Une autre fonction importante de l'interaction LIS1-dynéine pourrait être la régulation de la mitose et de la ségrégation des chromosomes (94). En effet la protéine LIS1 se localise au niveau du fuseau mitotique et des kinétochores, et des niveaux réduits ou augmentés de LIS1 dans des cellules *in vitro* perturbent la progression mitotique, l'orientation du fuseau mitotique et l'attachement des chromosomes. De plus récemment, les protéines humaines NUDEL et NUDE ont été impliqués dans le transport dynéine-dépendant de protéines le long des microtubules du fuseau mitotique (379). Ainsi la protéine NUDEL est phosphorylée pendant la mitose et son interaction avec LIS1 s'en trouve renforcée. Chez un mutant de NUDEL incapable de se lier à LIS1, on observe une altération des mouvements de dynéine en direction des pôles et par conséquent une altération du transport des protéines, des kinétochores vers les pôles du fuseau mitotique, le long des microtubules. Des études comparatives entre les protéines NUDEL et NUDE suggèrent que NUDE possède une fonction similaire au cours de la mitose (379).

2.2.4 La fonction de LIS1

Il a été proposé que l'altération de la distribution des neurones dans la lissencéphalie résulterait de la conséquence de la perturbation de l'interaction LIS1-dynéine sur la division cellulaire et particulièrement sur la migration nucléaire qui dépend du cycle cellulaire (169). Cette hypothèse est cohérente avec l'effet de la mutation de *Lis1* sur la prolifération des neuroblastes chez la drosophile (214). De plus la neurogenèse est altérée chez les souris mutantes pour *Lis1* et la migration nucléaire est perturbée de manière dose dépendante (111). Inversement, l'interaction LIS1-dynéine régule indépendamment la migration neuronale en affectant l'organisation et la dynamique des microtubules lors du processus de croissance neuritique, ce qui est cohérent avec les défauts d'arborisation retrouvés chez les mouches et les souris *Lis1* mutantes (98, 214). Il est possible que les mouvements nucléaires aient la dynéine comme médiateur. En effet il a été proposé que la dynéine régule la fonction des microtubules au niveau du centrosome et que cette fonction puisse influencer non seulement LIS1 mais aussi les deux homologues de NUDE chez la souris Nudel et mNudE. Lis1 et Nudel se lient ensemble à la chaîne lourde de la dynéine et cette interaction place probablement ces protéines au niveau du centrosome (259, 303). mNudE se lie aussi à la dynéine, à la γ-tubuline ainsi qu'à d'autres protéines du centrosome dont la chaîne légère de la dynéine (96). De ce fait, Nudel et mNudE seraient des composants cruciaux de l'interaction Lis1-dynéine-microtubule au niveau du centrosome et pourraient ainsi réguler les processus associés au centrosome dans le cytoplasme des neurones en migration. Cette interprétation semble cohérente avec le fait que l'interaction entre Lis1 et mNudE est nécessaire à la fonction neuronale de Lis1, que les points de mutations de LIS1 retrouvés chez l'homme perturbe cette interaction Lis1-mNudE et qu'une construction dominant-négatif de mNudE chez le xénope perturbe également la lamination corticale (96).

2.3 Le gène Doublecortin (DCX)

Plus récemment, un autre gène responsable de lissencéphalie et lié au chromosome X a été identifié, il s'agit du gène *doublecortin* (*DCX*) (80, 123). Des mutations de ce gène ont été retrouvées chez des patients mâles dont le phénotype était étroitement similaire à celui de patients atteints d'ILS. Chez les filles on s'attend à ce que le phénotype soit moins sévère, en raison de l'inactivation d'un X qui se produit au hasard dans chacune des cellules somatiques. Or les filles ayant des mutations du gène *DCX* présentent un syndrome appelé « double cortex » caractérisé par une bande subcorticale de neurones supplémentaire présente au niveau de la substance blanche à mis chemin entre le cortex et le ventricule (80) (Fig. 3).

2.3.1 La protéine DCX

La protéine DCX est composée de deux domaines répétés en tandem constitués chacun de 90 acides aminés et situés du côté N terminal (« Doublecortin repeats ») ainsi que d'un domaine riche en sérine/proline situé du côté C terminal de la protéine. L'analyse des mutations identifiées dans le gène *DCX* confirme son appartenance à la famille des protéines associées aux microtubules. Des mutations faux-sens induisant la substitution d'acides aminés dans la protéine DCX ont été identifiées au niveau de ces deux domaines répétés (350). Des prédictions de structure concernant ces deux domaines ont montré qu'ils étaient susceptibles de former un « β-grasp superfold », motif structural retrouvé dans la séquence d'acides aminés de nombreuses protéines qui lient les GTPases, tel que les domaines d'interaction avec Ras des protéines c-Raf1 et Ral-GEF (119, 256). Des expériences de liaisons *in vitro* ont montré que chacun des domaines structuraux identifiés dans la protéine DCX pouvait se lier à la tubuline pour former des structures « GTPase-like ». De plus, deux domaines répétés intacts sont nécessaires et suffisants pour induire la polymérisation des microtubules et leur stabilisation (350).

2.3.2 Les motifs des protéines associées aux Microtubules (MAPs)

Les MAPs représentent un groupe de protéines aux structures diverses caractérisées par leur propriété commune de réguler la dynamique des microtubules (148). Les MAPs se lient toujours aux microtubules de façon réversible, induisent la polymérisation de la tubuline et la stabilisation des microtubules (86, 164). D'autres MAPs ont été identifiées, incluant les protéines neuronales Tau et MAP2 qui sont localisées respectivement au niveau des axones et des dendrites. MAP4 est présente dans toutes les cellules non neuronales, tandis que MAP1A et MAP1B qui sont abondamment exprimées dans les neurones sont également présentes dans les cellules non neuronales (57, 113). Toutes ces protéines sont constituées d'un ou plusieurs domaines de liaisons aux microtubules et d'un domaine de projection. Ce dernier domaine s'apparente à un bras filamenteux qui s'étend hors des microtubules et qui peut se lier à des membranes, des filaments intermédiaires ou des microtubules.

2.3.3 La fonction du gène DCX

Peu de choses sont encore connues sur le mode d'action de *DCX* dans la migration neuronale. Ceci est en partie du au fait que le gène *DCX* est uniquement présent chez les mammifères et donc qu'aucune étude n'a pu être réalisée chez le champignon ou la drosophile. De plus aucun mutant DCX n'a été jusqu'à présent décrit dans la littérature. Cependant les protéines LIS1 et DCX sont connues pour être associées aux microtubules dans les cellules de mammifères. La protéine LIS1 semble augmenter la polymérisation des microtubules et diminuer la dépolymérisation *in vitro* (301), alors que DCX est décrite comme une protéine associée aux microtubules (MAP). Plusieurs groupes ont montré que la protéine DCX était exprimée exclusivement dans les neurones post-mitotiques, qu'elle co-localisait et co-purifiait avec les microtubules polymérisés (102, 124, 147). *In vitro*, la protéine recombinante DCX peut s'assembler avec les microtubules du cerveau et peut stimuler leur polymérisation. De même la surexpression de DCX pousse les microtubules à former de fins assemblages (124).

Similaires aux domaines décrits dans d'autres MAPs, les domaines répétés en tandem de DCX ont été décrits comme formant des domaines de liaison aux microtubules fonctionnels (302, 350), alors que la partie C-terminale riche en sérine/proline pourrait être fonctionnellement équivalente à un domaine de projection. L'assemblage des microtubules observé dans les cellules qui surexpriment le gène *DCX* ressemble fortement à celui induit par la surexpression de certaines MAPs (57).

Il semble donc que les protéines LIS1 et DCX travaillent de concert dans le maintien de la polymérisation des microtubules, ce qui indique qu'ils pourraient agir par la même voie de signalisation. Cette hypothèse s'appuie sur de récents travaux qui montrent que LIS1 et DCX interagissent ensemble *in vitro* à partir d'extraits de cerveaux d'embryons de souris (49). LIS1 et DCX agiraient ensemble pour augmenter le pool de microtubules polymérisés et induire ainsi la migration neuronale, bien que l'on ne sache pas comment la polymérisation des microtubules est susceptible de faciliter la migration neuronale.

2.4 Le gène Reelin (RELN)

Un autre gène pourrait être aussi impliqué dans ces remaniements cytosquelettiques, il s'agit du gène *REELIN* (*RELN*) localisé sur le chromosome 7 (7q22). En effet les mutations du gène *RELN* chez l'homme provoquent une forme autosomique récessive de la lissencéphalie associée à une hypoplasie du cervelet (LCH pour « Lissencephaly with Cerebelar Hypoplasia ») (145) (Fig. 4). Ces mutations perturbent l'épissage de l'ARN messager du gène *RELN*, ce qui se traduit par des quantités pratiquement indétectables de la protéine RELN. Bien que la LCH présente un phénotype différent du mutant *Reeler* chez la souris et de l'ILS chez l'homme, des similitudes sont néanmoins indéniables, et on peut penser qu'il existe un lien entre RELN et les autres gènes de la lissencéphalie.

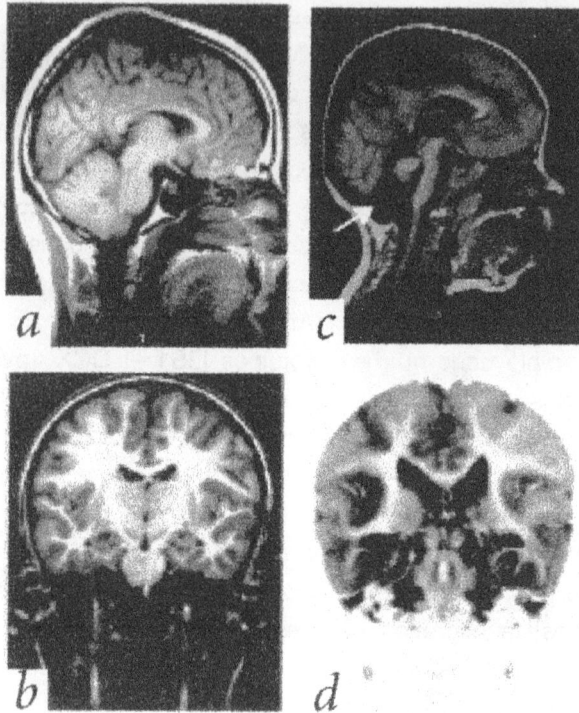

(d'après hong et al., 2000)

Figure 4: Analyse en IRM du syndrome de lissencéphalie associé à une hypoplasie du cervelet chez l'homme. Vues coronale et sagittale du cerveau d'un individu normal (a, b) et d'un patient qui a des mutations du gène REELIN (c, d). Le cortex du patient est fin et son patron gyral simplifié (c, d). Notez que les anomalies sont plus sévères au niveau des régions frontale et temporale et que l'épaisseur des régions pariétales et occipitales est normale. De plus, la taille du cervelet (indiqué par une flèche) est très réduite.

2.4.1 La protéine RELN

La RELN est une protéine de 388 kDa sécrétée par les cellules de Cajal-Retzius au niveau de la zone marginale. Ces cellules sont les neurones corticaux les plus précoces et les premiers à devenir matures. Ce sont des neurones transitoires exprimés pendant le stade de migration au cours de la corticogenèse. A cette étape, ils sont localisés au niveau de la couche corticale I puis ils disparaissent par apoptose après la naissance (77). RELN se lie aux récepteurs de la famille des lipoprotéines de faible densité, Vldlr et ApoER2 (71, 140) dont la fonction est l'endocytose de ligands extracellulaires tels que ApoE (36, 190). Par cette liaison, RELN induit la phosphorylation d'un autre facteur, Dab1 (140, 175). Dab1, identifié à l'origine comme un adaptateur protéique extracellulaire qui se lie physiquement aux membres de la famille des kinases Src (149) interagit également avec Abl, une autre protéine kinase de cette famille (117), enabled, la protéine souris homologue de la protéine humaine Ena (118), fax (« failed axon connections ») et prospero (117). Ces protéines sont toutes impliquées chez la drosophile dans la modulation de la migration neuronale et de la croissance neuritique (117).

2.4.2 La fonction de RELN

Pour approcher la fonction de la protéine Reelin et de ses partenaires chez les mammifères, des souris mutantes pour Reelin (Reeler), Dab1 (Scrambler et Yotari), Vldlr et ApoER2 ont été développées (72, 316, 353) et comparées au mutant spontané *Reeler*. Toutes ces souris mutantes présentent un phénotype similaire correspondant à un défaut de division de la pré-plaque. Chez les mutants, la pré-plaque ne se divise pas et les cellules de la sous-plaque restent adjacentes aux cellules de la zone marginale formant une structure appelée super-plaque (50, 319). En conséquence, la plaque corticale s'établit en dessous de la super-plaque et est elle-même sévèrement affectée. Il semble que, chez ces souris, les neurones soient incapables de migrer au delà de leurs prédécesseurs aboutissant à une désorganisation complète des couches corticales. L'étude de ces mutants a permis de montrer que les protéines Dab1, Vldlr et ApoER2 étaient impliquées dans la voie de signalisation de la RELN (287, 353) et d'identifier de nouveaux partenaires impliqués dans cette transduction du signal Reelin. Ainsi, la RELN se lie également à d'autres molécules d'adhésion comme l'intégrine $\alpha3\beta1$ (87) qui est impliquée dans l'interaction des neurones avec les cellules gliales (11). Elle interagit aussi avec des membres de la famille des récepteurs neuronaux apparentés aux cadhérines (Cnr) par l'intermédiaire de motifs RGD présents dans la séquence d'acides aminés de ces récepteurs (273, 314). Comme ces motifs RGD sont également des motifs structuraux présents dans la séquence d'acides aminés des ligands des intégrines (273), l'intégrine α3β1 et la RELN pourraient rivaliser entre elles dans la fixation des Cnr. Il a été proposé que l'interaction de la RELN avec les Cnr puisse faciliter le détachement des neurones des cellules gliales au cours de leur migration en séquestrant Cnr, empêchant ainsi la liaison avec les intégrines présentes à la surface des cellules de glie (132). Le signal induit par l'interaction de la RELN avec l'intégrine α3β1 ou le Cnr passe par l'activation d'un membre de la famille des Scr (185, 312, 314) qui pourrait contribuer à la phosphorylation de Dab1.

2.4.3 Le complexe Cdk5/p35

Il est intéressant de constater que le facteur Abl qui se lie à Dab1 se connecte aussi à la kinase cycline-dépendante 5 (Cdk5) par l'intermédiaire d'une autre protéine appelée Cables (396). On sait que Cdk5 forme un complexe avec p35 et régule l'adhésion cellulaire en se liant à la β-caténine (197). En effet la surexpression du complexe p35-Cdk5 réduit les niveaux d'expression de la N-cadhérine à la surface des cellules neuronales, inhibant alors l'interaction des neurones et des cellules gliales qui s'effectue par les liaisons entre la β-caténine et la N-cadhérine (197). De plus les souris mutantes $p35^{-/-}$ et $Cdk5^{-/-}$ présentent toutes les deux des phénotypes semblables correspondant à une anomalie de la migration neuronale mais sans problèmes de division de la pré-plaque (53, 265). Il est donc probable que ce complexe p35-Cdk5 régule la mobilité des neurones au cours de la migration en modulant l'interaction neurone-glie et ce, par l'intermédiaire des intégrines. Cette hypothèse est soutenue par le fait que le complexe p35-Cdk5 phosphoryle les kinases Scr qui sont également impliquées dans la voie de signalisation des intégrines (11, 172). De plus, il a été montré que le complexe p35-Cdk5 régulait la dynamique de l'actine du cytosquelette (101, 260, 283). Il est également probable que ce complexe participe aussi à la régulation des microtubules. En effet il a été montré que ce complexe phosphoryle certaines MAPs ce qui affecte la stabilité des microtubules (184, 274). De même la protéine NUDEL impliquée dans la dynamique des microtubules avec la protéine LIS1 est un substrat de Cdk5 (259, 303) ce qui renforce l'hypothèse d'un rôle du complexe p35-Cdk5 dans la régulation des microtubules. A ce complexe vient s'ajouter une nouvelle protéine, la tyrosine kinase FAK, phosphorylée par Cdk5 qui a récemment été impliquée dans l'organisation des microtubules, les mouvements nucléaires et la migration neuronale (377). En effet, la surexpression de la forme non phosphorylée de FAK induit une désorganisation de la fourche des microtubules, une altération des mouvements nucléaires *in vitro* et des défauts dans le positionnement des neurones *in vivo*. Ces observations sont similaires à celles retrouvées chez les souris mutantes Cdk5$^{-/-}$.

Par l'intermédiaire de ce complexe p35-Cdk5, il semble que l'on ait identifié un lien entre les différentes voies de signalisation impliquées dans les remaniements du cytosquelette au cours de la migration neuronale. Celles-ci sont résumées dans la figure 5.

1.1   *Le gène Disrupted-In-Schizophrenia 1 (DISC-1)*

Récemment, un autre gène cloné à partir d'une stratégie, visant à identifier des gènes localisés au niveau de points de cassures générés par une translocation chromosomique chez des patients développant des maladies psychiatriques comme la schizophrénie, a été proposé comme étant une MAP participant à la régulation des microtubules. Ce gène s'appelle *Disrupted-In-Schizophrenia (DISC-1)*.

(schéma modifié d'après Gupta et al., 2002 et Feng et al., 2001)

Figure 5 : Signalisation Reelin et effets cellulaires induits. (a) La signalisation Reelin est indépendante du complexe p35-Cdk5, elle conduit à la phosphorylation de Dab1, qui, en retour, active les cascades de signalisation contrôlant les divers effets cellulaires de Reelin. Des effets sur les réarrangements du cytosquelette mais également sur d'autres processus cellulaires (zone délimitée en pointillés). (b) Le complexe p35-Cdk5 exerce une influence sur la signalisation Reelin soit indirectement soit directement sur l'état de phosphorylation de Dab1 (flèche grise). En réponse, la signalisation Reelin pourrait réguler l'activité du complexe p35-Cdk5 via la phosphorylation de Dab1 (flèche orange) et affecter ainsi les processus cellulaires dépendant du complexe p35-Cdk5. Ces processus sont l'adhésion, les réarrangements de l'actine et la dynamique des microtubules en périphérie et au niveau du centrosome (flèches noires). La dynamique des microtubules, qui comprend le processus d'élongation pilote (à gauche) et la translocation nucléaire (à droite) passe par la phosphorylation de la kinase FAK par le complexe p35-Cdk5. Ces deux mécanismes pourraient être modulés par l'interaction LIS1-dynéine, elle même régulée par les protéines NUDEL, mNudE, DCX et DISC-1. (c) La signalisation du complexe p35-Cdk5 est indépendante de la Reelin. Les effets du complexe p35-Cdk5, sur les processus cellulaires, sont médiés par des interactions avec d'autres récepteurs de surface que ceux de la Reelin.

1.1.1 Clonage du gène DISC-1

La schizophrénie est une maladie mentale associée à une morbidité et une mortalité élevées qui se caractérise par des troubles du comportement comme des hallucinations et des anomalies cognitives affectant le comportement social des patients (135, 204). A travers des études d'association et de liaisons génétiques, plusieurs régions chromosomiques incluant des gènes de susceptibilité à la schizophrénie ont été identifiées (24, 134). *DISC-1* a été cloné par une stratégie alternative, qui a consistée à identifier les gènes localisés au niveau des points de cassure induits par des translocations chromosomiques et dont les patients développaient la schizophrénie ou d'autres maladies psychiatriques (237).

1.1.2 Expression du gène DISC-1

Le gène *DISC-1* code pour une protéine de 854 acides aminés (100 kDa). Cette protéine est composée de domaines « leucine zipper » et « coiled-coil » dans sa partie C terminale. Le gène est exprimé dans différents tissus chez le rat adulte : le cerveau, le cœur, le foie, le rein et le thymus (266). Dans le cerveau, le gène s'exprime au niveau de l'hippocampe, du septum latéral, de l'amygdale, du cortex cérébral, du cervelet et de la région paraventriculaire de l'hypothalamus, régions qui ont été impliquées dans la schizophrénie chez l'homme (41). Au cours du développement l'expression de ce gène est régulée avec un pic d'expression autour de E20.5 chez le rat et un niveau plus faible en postnatal (266). La protéine DISC-1 est localisée au niveau du cytoplasme selon un patron ponctiforme lorsque les cellules sont en division et au niveau des dendrites lorsque les cellules sont différenciées (266). Plus précisément, la protéine DISC-1 se localise au niveau du centrosome des cellules en division (247).

1.1.3 La protéine DISC-1 et ses partenaires

Des études d'interaction protéine-protéine par la méthode de double-hybride ont montré que DISC-1 interagissait avec plusieurs protéines impliquées dans la régulation du cytosquelette. Parmi les parteniares de la protéine DISC-1, ont été identifiées des molécules interagissant avec l'actine telles que la spectrine ainsi que des molécules interagissant avec les microtubules telles que la dynactine, MAP1A, MIP-T3 et NUDEL (247, 266). D'autres interactions ont été caractérisées notamment celles avec les facteurs de transcription ATF4 et ATF5 (247). Morris et al. ont ainsi montré que la protéine DISC-1 s'associait à un moment précis avec les microtubules et que cette interaction se faisait certainement par l'intermédiaire des protéines MAP1A et/ou MIP-T3. De plus, l'interaction de DISC-1 avec NUDEL qui participe à la nucléokinèse et à la migration neuronale (136) a conduit Morris et al. à étudier plus en détail cette liaison. Les auteurs ont ainsi montré que l'interaction DISC-1/NUDEL s'établissait *via* le domaine C terminal de DISC-1, au niveau des domaines « leucine zipper » et « coiled-coil » et avec le domaine C terminale de NUDEL qui contient le site de liaison à la dynéine. Morris et al. ont alors proposé que la perte d'interaction entre DISC-1 et NUDEL puisse être responsable des anomalies neuritiques observées chez les patients schizophrènes (41). Cette hypothèse a été confirmée par la diminution de la croissance neuritique observée par Ozeki et al. *in vitro* sur des cellules PC12 qui expriment une construction tronquée de DISC-1 (en C terminal) (266).

L'interaction de DISC-1 avec ATF4 et ATF5 pourrait aussi participer au processus d'élongation neuritique. En effet ATF4 et ATF5, par l'intermédiaire de leur domaine « Coiled Coil », se lient aux récepteurs de type GABA$_B$ qui sont localisés au niveau des dendrites dans les neurones (257, 361, 368). Cette fixation ne nécessite certainement pas la fonction de contrôle de la transcription de ces facteurs, et comme les deux facteurs co-localisent avec les récepteurs, on peut penser qu'ils ont une fonction cellulaire supplémentaire, indépendante de leur fonction de facteurs de transcription. Il est donc raisonnable de penser que l'interaction de DISC-1 avec les 2 TAFs pourrait participer à la régulation de la fonction des récepteurs GABA$_B$ et ainsi au processus d'élongation.

1.2 *La souris STOP-/-*

Une autre famille de protéines associées aux microtubules, la famille des protéines STOP, est également impliquée dans les mécanismes de régulation dépendant des microtubules. Les protéines STOP sont des isoformes, codées par un seul gène, spécifiques d'un tissu ou d'un stade de développement embryonnaire (78). Ainsi on retrouve deux isoformes N-STOP et E-STOP au niveau des neurones (32, 130) et une isoforme F-STOP dans les fibroblastes (79). Les protéines STOP induisent la polymérisation de microtubules résistants aux traitements de dépolymérisation tels que le froid ou l'administration d'une drogue, par exemple le Nocodazole. Pour étudier plus en détail le rôle de ces protéines, le groupe de Didier Job a réalisé l'invalidation du gène *STOP* chez la souris (9). La souris homozygote STOP-/- présente une perte des microtubules stables à la fois dans les neurones, les cellules gliales et les fibroblastes. Bien qu'elle ne présente pas de défauts anatomiques visibles du cerveau, cette souris montre des anomalies synaptiques qui se traduisent par une diminution du nombre de vésicules synaptiques au niveau des terminaisons nerveuses et une altération de la plasticité synaptique (une diminution de la « Long Term Potentiation », LTP et de la « Long Term Depression », LTD). De plus, la souris présente également des troubles du comportement tels que l'anxiété, des phases d'hyperactivité et un comportement maternel inexistant. Ces troubles sont similaires à ceux observés dans des modèles animaux de la Schizophrénie (236, 240), ce qui a conduit Andrieux et al. à tester sur ces souris STOP-/- l'effet de l'administration d'anxiolytiques et de neuroleptiques. Ils ont alors trouvé que l'administration à long terme d'une combinaison de neuroleptiques (la Chlorpromazine et l'halopéridol) avait des effets bénéfiques sur le comportement maternelle des souris STOP-/-. En effet, les petits des femelles STOP-/- décédaient dans les premières heures de vie (24-48h), ceci en raison du comportement asociale de leurs mères mais l'injection de neuroleptiques permettait aux femelles STOP-/- de récupérer un comportement maternelle quasi normal puisque plusieurs de leurs petits survivaient. En revanche l'injection d'anxiolytiques ne donne aucun effet significatif sur le comportement des mères STOP-/-.

Pour conclure cette souris représente un bon modèle pour tester l'effet de neuroleptiques et comprendre les mécanismes mis en jeu, dans des maladies sensibles à ces drogues telle que la schizophrénie.

En conclusion de ce chapitre, Il semble donc que les gènes *LIS1*, *NUDEL* et *DISC-1* voire *REELIN* soient tous impliqués dans la régulation de la dynamique des microtubules lors de la migration neuronale (Fig. 5). Pour les protéines LIS1, NUDEL et DISC-1, on peut également faire l'hypothèse, du fait de leur association avec le centrosome, qu'elles participent à la division cellulaire et notamment à l'établissement du fuseau mitotique. Cette étape de la division cellulaire nécessite l'intervention du centrosome et donc une régulation des microtubules. Une première réponse a déjà été apportée pour la protéine *LIS1* qui est associée au fuseau mitotique et qui, chez la drosophile, joue un rôle dans la prolifération des neuroblastes (94, 214).

2 Le transport des ARNs messagers dans les dendrites : l'exemple de la protéine FMRP

2.1 *Le syndrome de l'X-fragile*

Le syndrome de l'X fragile est la deuxième cause génétique de retard mental après le syndrome de Down avec une incidence chez le garçon de l'ordre de 2.5 sur 10000 naissances. Le phénotype se caractérise par des anomalies cognitives et comportementales modérées, une macroorchirdie (gros testicules) et une dysmorphie faciale. La principale découverte faite lors d'autopsie de patients atteints du syndrome de l'X-fragile est la densité très élevée en dendrites qui ont une morphologie plus longue et plus fine (278). Ce syndrome est la conséquence de l'expansion et de l'hyperméthylation de triplets CGG répétés, dans la partie 5'UTR du gène *FMR1*, ce qui aboutit au silence transcriptionnel de ce gène (160). Il semble donc que la présence de la protéine FMRP codée par ce gène soit essentielle aux fonctions cognitives supérieures.

2.2 *La protéine FMRP*

Le gène *FMR1* code pour une protéine, FMRP, dont la fonction est de lier certains ARNs messagers (ARNm) et de les transporter jusqu'à leur lieu d'utilisation. FMRP est donc une « RNA binding protein » (13, 322). Elle est distribuée dans les neurones surtout au niveau du noyau, du cytoplasme du corps cellulaire et des régions post-synaptiques : les dendrites (263). La protéine FMRP est composée de plusieurs domaines de liaison des ARNms, dont les deux domaines en tandem KH et la boîte RGG située en C-terminal de la protéine, ainsi que d'un signal de localisation nucléaire et des séquences d'exportation nucléaires (263). Les domaines KH ont été pour la première fois décrits dans les ribonucléoprotéines hétérogènes nucléaires (hnRNP) (321) mais on sait maintenant qu'on les retrouve également dans un certain nombre de « RNA binding proteins » impliquées dans divers mécanismes tels que, la localisation des ARNs à l'aide des protéines ZBP1-4 (pour « zip code binding protein »), identifiées chez le poulet et impliquées par exemple dans la localisation de l'ARNm de la β-actin dans le cytoplasme des neurones (129), le contrôle de la traduction (hnRNP K et hnRNP E1/E2), l'épissage des ARNs pré-messagers (Nova-1, MER-1, SF1, KSRP (homologue humain de ZBP2) et PSI) et le transport des transcrits dans le cytoplasme (hnRNP E1/E2) (42, 205). Les boîtes RGG sont retrouvées dans des protéines impliquées dans plusieurs aspects du métabolisme des ARNs comme les facteurs d'épissage et les hnRNPs et sont aussi présentes dans d'autres domaines des « RNA binding proteins » (180).

2.3 Les RNA granules

Les RNA granules sont des structures macromoléculaires observées dans les neurones aussi bien au niveau du corps cellulaire que dans les dendrites. Ce sont des unités mobiles qui se déplacent le long des dendrites pour y délivrer les ARNms et sont essentielles à la croissance neuritique ainsi qu'au fonctionnement synaptique (183, 189). Ces RNA granules sont également présents dans d'autres types cellulaires et d'autres espèces comme les oligodendrocytes (2), les fibroblastes (335), chez l'embryon de drosophile (97), dans les oocytes de xénope (100, 181) et chez la levure (29). Aujourd'hui, on sait que les RNA granules sont principalement formés d'agrégats de ribosomes associés à des composants nécessaires pour la traduction comme les ARNs ribosomaux, des protéines ribosomales, la synthétase arginyl-tRNA et le facteur d'élongation 1a (183, 189) ainsi que des RNA binding proteins. Deux « RNA binding proteins » ont été identifiées dans ces granules neuronaux. Il s'agit de la protéine Staufen qui joue un rôle critique dans le transport, la localisation et la traduction des ARNm chez la drosophile (179, 186) et de la protéine FMRP, impliquée dans le syndrome de l'X-fragile (160). Ces deux protéines lient des ARNms spécifiques, s'associent aux polysomes et ribosomes pour former les RNA granules encore appelés particules mRNPs (pour « messenger-ribonucleoproteins) et transportent ces ARNms au niveau des dendrites jusqu'à leur destination finale. Schaeffer et al. (306) proposent un modèle moléculaire d'action au niveau des dendrites pour la protéine FMRP (Fig. 6), dans lequel FMRP se lie à des ARNms au niveau du noyau et les escorte dans le cytoplasme par l'intermédiaire de son signal d'exportation nucléaire où elle va former un complexe mRNP avec d'autres protéines et d'autres ARNms. Le granule ainsi formé s'attache à un moteur antérograde (la kinésine) et est véhiculé le long des dendrites sur une trame de microtubules jusqu'à sa cible et s'ancre aux épines dendritiques ou aux filopodes dendritiques. FMRP est susceptible de jouer un rôle dans la synaptogenèse (ou le processus des filopodes) ou dans la régulation de la structure et le maintien de l'activité des épines dendritiques en agissant comme régulateur de la traduction locale. Et Antar et al. (10) ajoute que FMRP est libérée du complexe RNA granule et retourne alors dans le noyau par l'intermédiaire de son signal de localisation nucléaire et son attachement à un moteur rétrograde. On peut faire l'hypothèse que ce transport est modulé par l'état de phosphorylation de FMRP (323). En effet, Siomi et al. ont montré que la protéine FMRP est phosphorylée *in vivo* et *in vitro* par la caséine kinase II chez la drosophile. De même, la protéine humaine FMRP est aussi phosphorylée par la caséine kinase II *in vitro*. Il semble n'y avoir qu'un seul site de phosphorylation qui se situe au niveau de la sérine 406 chez la drosophile et de la sérine 500 chez l'homme car des mutations de ces sites empêchent la

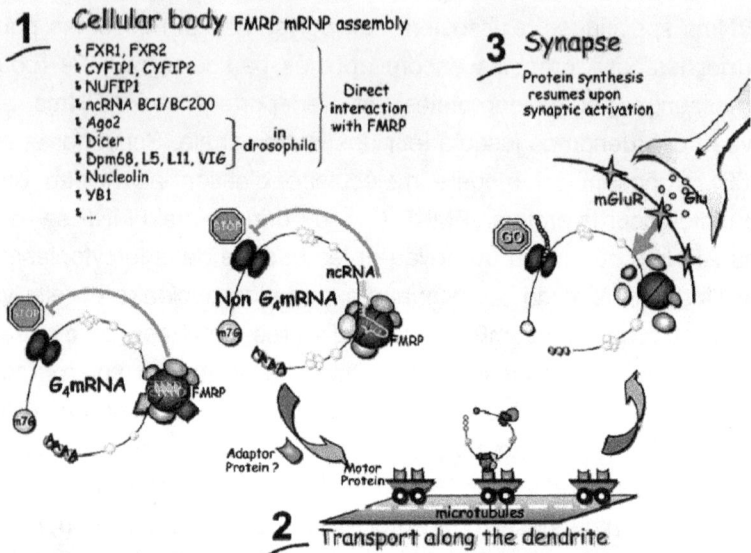

1 **Cellular body** FMRP mRNP assembly
- FXR1, FXR2
- CYFIP1, CYFIP2
- NUFIP1
- ncRNA BC1/BC200
- Ago2
- Dicer
- Dpm68, L5, L11, VIG
- Nucleolin
- YB1
- ...

in drosophila

Direct interaction with FMRP

3 **Synapse**
Protein synthesis resumes upon synaptic activation

mGluR   Glu

STOP   ncRNA   GO

Non G₄mRNA

G₄mRNA   FMRP   FMRP

Adaptor Protein ?   Motor Protein   microtubules

2 Transport along the dendrite

(d'après Schaeffer et al., 2003)

Figure 6: Modèle de travail pour FMRP. (1) Dans le corps cellulaire FMRP assemble une partie des ARNm, ceux possédant des G-quartet à l'aide d'un adaptateur ARN non codant (BC1/BC200). Le processus commence probablement dans le noyau et se poursuit dans le cytoplasme. Les intéracteurs connus de FMRP sont listés. Dans les complexes ribonucléoprotéiques (mRNP), la traduction est réprimée. (2) Les mRNPs sont transportés dans les dendrites *via* les microtubules en utilisant des moteurs protéiques (kinésine). (3) En réponse à un message reçu (stimulation synaptique par l'intermédiaire des récepteurs NMDA), la traduction des ARNm reprend et les protéines localement traduites influencent la plasticité synaptique.

phosphorylation de la protéine FMRP. De plus, les auteurs ont montré que la phosphorylation de FMRP module l'efficacité de liaison des ARNm *in vitro* (323). On sait également, qu'une fois le site atteint, les RNA granules libèrent les ARNm transportés pour qu'ils soient traduits localement et que cette libération dépend de la dépolarisation membranaire de l'épine dendritique (189). En effet cette dépolarisation provoque une réorganisation des RNA granules induisant la libération des ARNm importés. Dans leur revue, Richter et Lorenz (289) proposent un modèle de contrôle de la traduction au niveau des synapses (Fig. 7). Dans ce modèle, après une stimulation des récepteurs NMDA par un neurotransmetteur, la protéine kinase Aurora devient active et phosphoryle le facteur CPEB (« Cytoplasmic Polyadenylation Element-binding »). Cette modification aide probablement le facteur CPEB à stabiliser le facteur CPSF (« cleavage and polyadenylation specifity factor ») sur la séquence nucléotidique AAUAAA qui permet d'attirer la poly(A) polymerase (PAP) sur la queue poly(A) de l'ARNm. La protéine Maskin, une protéine associée au facteur CPEB se dissocie du facteur d'initiation eIF4E permettant alors son interaction avec un autre facteur d'initiation eIF4G et l'initiation de la traduction de l'ARNm spécifique (ces questions sont également discuté dans la revue de Mendez et Richter, 2001 (233)) .

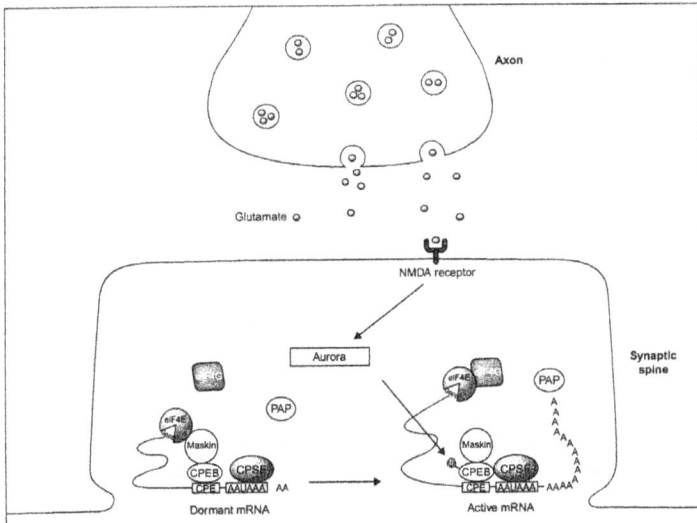

(d'après Richter et Lorenz, 2002)

Figure 7: **Modèle de contrôle de la traduction au niveau des synapses**. Suite à l'activation des récepteurs NMDA par un neurotransmetteur, la protéine kinase Aurora devient active et va phosphoryler CPEB. Cette modification aide probablement CPEB à stabiliser CPSF sur la séquence AAUAAA, ce qui attire la PAP sur la queue poly(A) de l'ARNm où elle catalyse la réaction de polyadénylation. La Maskin, une protéine associée au facteur CPEB se dissocie du facteur eIF4E, lui permettant d'aller se fixer à un autre facteur eIF4G et initier la traduction.

3.4 FMRP et ses ARNm cibles

3.4.1 Les stratégies d'identification des ARNm

Plusieurs stratégies pour identifier les ARNm cibles de la protéine FMRP ont été récemment développées. Une première est basée sur une approche microarray à partir d'ARNs extraits de cerveaux de souris sauvages versus « knock-out » pour le gène *Fmr1* et d'extraits d'ARNs de lignées lymphoblastoides issues de patients atteints du syndrome de l'X-fragile (39). Cette approche a permis l'identification de 432 ARNms associés à la protéine FMRP obtenus à partir de la souris et 251 ARNms obtenus à partir des lignées lymphoblastoides de patients ayant l'X-fragile qui présentaient des profils polyribosomaux anormaux. La Table 1 représente les 80 ARNm les plus différentiels issus de l'étude réalisée chez la souris.

Pour comprendre la fonction de la protéine FMRP dans les neurones, il est préférable d'identifier directement les ARNms qui interagissent avec FMRP au niveau des dendrites. C'est ce qui a été fait dans la récente publication du groupe d'Eberwine (238). Les auteurs ont développé une nouvelle technique permettant d'identifier les interactions de FMRP et d'ARNm *in situ* qu'ils ont appelé « APRA » (pour Antibody positioned RNA Amplification). Cette technique requiert le couplage d'une amorce oligonucléotidique avec un anticorps qui reconnaît la protéine FMRP dans des neurones d'hippocampe, positionnant ainsi l'amorce pour une transcription *in vitro* des ARNms associés au complexe ribonucléoprotéique FMRP. Les ARNs synthétisés sont ensuite extraits des cellules et une deuxième synthèse d'ADN complémentaire est effectuée suivie d'une amplification d'ARNs antisens.

Rank	Homology (MG-U74 Probe Set)	MG-U74 wtIP/KOIP Fold Chg	MG-U74 wtIP/Input Fold Chg	Mu 19K wtIP/Input Fold Chg
1	Sec7-rel GEF sim. to KIAA0763 (112719 at)	77	14.5	6.8
2	Tyrosine Kin... AATYK (100994 at)	52.4	12.7	N/A
3	iGluR, kainate-R 5y2, Grik5 (104409 at)	41.8	21.4	N/A
4	Brain Angiogen. Inh., BAI2 (106947 at)	43.6	19.9	4.4
5	PSD-95 assoc.SAPAP4, KIAA0964 (104136 at)	28.4	33.9	6.7
6	Zn. finger Mtsh-1 (106265 at)	50.4	11.6	7.3
7	murine Unc13-like prot. (110722 at)	50.1	11.1	N/A
8	Arf GTPase activator, GIT1 (97399 at)	22.5	33.7	1.8
9	Pumilio 2 (112393 at)	49.3	5.5	4.2
10	K_channel HCN2, HAC1 (94194 s_at)	25.1	27.8	N/A
11	sim. to DAP-1 and SAPAP3 (116746 at)	48.8	5.1	N/A
12	GAP-assoc. p190 (96209 at)	29.7	22.1	11.9
13	KIAA0284 sim. to Septin 3 GTPase (131216 f at)	23.5	27.1	N/A
14	sim. to KIAA0661 (104032 at)	20.4	29.6	15.8
15	G prot. effector, GRIN1, Z16 (113864 at)	27.2	22.2	N/A
16	sim. to PS1-BP, p0071, plakophilin4 (96197 at)	35.4	12.6	9.5
17	KIAA0918, TOLL-related prot. (107354 at)	40.5	6.3	N/A
18	KIAA0602, ribosomal S7 prot. (111873 at)	27.7	7.3	9.6
19	Zn. finger Friend of GATA1, FOG (97974 at)	16.9	27.7	1.9
20	sim. to 5'AMP-activ'd kinase (139527 at)	25.7	18.9	N/A
21	Inositol 14.5 triphos. recept. p400 (94977 at)	37.3	4.7	1.9
22	Rab6-assoc. GDI (104109 at)	34.8	6.5	6.6
23	pBR140, Peregrin (114519 at)	33.6	7	13.5
24	Nuclear Ptse., b'PtP, myotubularin-rel. (111947 at)	25.8	14.7	1.2
25	DM prot., DMR-D996193 at)	19.5	20	1
26	Celera mRNA hCT9453 (104299 at)	19.4	7.6	9.8
27	Steroid recept. Co-activator le (106320 at)	32.6	6.4	9.8
28	Hsp75-like TNFR-assoc. prot. (95886 g at)	21.8	17.1	2.9
29	sim. to Interleukin-enhancer-BF1 (95536 at)	16.8	17.9	1.1
30	sim. to Adenylate Cyclase 5&6 (139567 i at)	19.1	19.3	N/A
31	L-type Ca²⁺ chan. B3, Cacnb3 (99493 at)	31.8	5.3	2.4
32	Celera mRNA hCT12896,KIAA0701 (109149 at)	30.8	5.2	8.3
33	sim. to MAP1A and MAP1B (116100 f at)	29.1	6.3	4.5
34	Testis prot. Kin... Tesk1 (102033 at)	19.6	15.2	2
35	KIAA0906, Pro-rich MP-3, PRP3 (96725 at)	24.6	9.9	2.8
36	Celera hCT14692 sim. to KIAA1246 (131226 at)	17.3	17	N/A
37	sim. to KIAA0918 prot. (134910 s at)	11.7	22.6	N/A
38	Celera mRNA hCT7158 (103736 at)	27.9	6.3	N/A
39	Circ. Rhythm prot., SCOP, KIAA0606 (109999 at)	29.5	4.6	8.7
40	Celera mRNA hCT9545(106009 at)	27.1	6.4	N/A
41	KIAA1042 prot. (96124 at)	26.1	7.3	5.6
42	Rho-interact. P116 RIP (94899 at)	26.7	6.6	2.7
43	Rab3-assoc.GEF, sim. to MADD (105258 at)	18.9	14	10.1
44	MHC H2-K(114777 i at)	28.6	4.2	2
45	Celera mRNA hCT9410 (104105 at)	21.1	10.3	14.6
46	Na_channel-related prot.(97387 at)	25.5	5.8	2.1
47	PI 4 kin., p230 (104208 at)	17.4	13.9	5.5
48	Msx2-BP, Mint (110008 at)	26.6	4.6	N/A
49	Spectrin β3, Spnb3 (93618 at)	21.6	9.3	N/A
50	Celera mRNA hCT28708(112918 at)	23.5	6.7	N/A
51	hCT25324,Ub-lig.-like(106944 at)	16.7	13.5	4
52	Celera mRNA hCT25324 (92559 at)	20.6	9.4	4.3
53	Patched-related prot.(104030 at)	21.5	8.4	N/A
54	KIAA0633 prot. (106712 at)	25.3	4.6	N/A
55	Celera mRNA hCT33144 (108765 at)	22.5	7.2	13.7
56	NAG-6-O-sulfotrans. (112639 at)	22.3	7.3	5.9
57	MAPK4, p63 (14043b at)	22	7.6	N/A
58	Zn. finger Rantes(109369 at)	18.5	11	3.3
59	OCAM-GPI sim. to NCAM2 (96519 at)	15.9	13.7	N/A
60	2-Oxoglutarate dehydrog'se (96979 at)	25	4.4	12.4
61	α-Latrexin receptor (112497 at)	23.2	6.2	4.4
62	SNF1-related kinase (97429 at)	18.8	10.3	4.9
63	Celera mRNA hCT11999(110316 at)	16.2	12.9	N/A
64	sim. to MKP-1, -L & -6 dusPTP'tase (133550 at)	14.1	15	N/A
65	Celera mRNA hCT93594(102969 at)	23.1	5.9	N/A
66	sim. to Myotubulin (104427 at)	14.2	14.6	1.6
67	Celera mRNA hCT1 324013093t f at)	11.9	16.9	N/A
68	PI 3 kin.reg. subu. P83δ, Pik3r2 (102759 at)	21.6	7.1	6.9
69	Vav-related KIAA1626 (112513 at)	13.9	14.8	N/A
70	Casein kin. (g2 (95294 at)	24.4	4.2	5.6
71	Zn. finger Phg-1, myelin Myt1 (96496 g at)	11.5	16.6	N/A
72	sim. to Tensin (111429 at)	23.4	4.1	N/A
73	sim. to Synaptotagmin-related prot. (93921 att)	16.4	11	N/A
74	M-Ras/R2 (139194 at)	20	7.3	N/A
75	Tyrosine Kin. Ack, Cdc42 (102850 at)	15.9	11.1	2.7
76	sim. to TMEM1 (104202 at)	20	6.9	N/A
77	sim. to Link GEF II (105327 at)	13.2	13.6	N/A
78	sim. to A.cetylglucosaminyl transf'se (103275 at)	21.1	5.4	N/A
79	Down syndr.cell adhes. molec., Dscam (116463 at)	13.2	13.3	N/A
80	sim. to D.melanogaster Peroxidasin (130534 i at)	19.1	7.3	N/A

(d'après Brown et al., 2001)

Table 1 : ARNs messagers associées à FMRP dans le cerveau de souris. Les ARNm sont classés par abondance décroissante. L'abondance des ARNm est comparée à la fois entre les immunoprécipitats sauvage versus Knock-out [wtIP/KoIP] et entre l'immunoprécipitat sauvage versus population d'ARN générale de l'échantillon [wtIP/Input].

Les sondes ARN marqués au ^{33}P sont alors hybridées sur des membranes d'ADNc « macroarrays » et les ADNc positifs sont isolés et leur interaction avec FMRP est vérifiée par deux techniques : la technique FBA (pour « Filter binding assay ») et la technique UVX (pour « UV crosslinking assay ») toutes deux décrites par Schaeffer et al. (305). Par cette méthode, les auteurs ont ainsi pu identifier 81 ARNm interagissant spécifiquement avec FMRP (Table 2).

Parmi les différents ARNm identifiés comme transcrits véhiculés par la protéine FMRP par ces deux techniques, un certain nombre comme *MAP1B*, *Rab3a*
ou *Munc-13* codent pour des protéines impliquées dans des mécanismes liés au maintien et à la fonction propre des synapses, ce qui suggère fortement que FMRP ait un rôle clé dans la fonction synaptique.

3.4.2 Le rôle de FMRP dans la répression de la traduction des ARNm

Une des preuves que FMRP agit sur la traduction des ARNms vient d'être donnée par l'équipe de Zalfa et al (387). Dans leur publication les auteurs montrent que FMRP s'associe avec les ARNms de la protéine MAP1B, une cible de FMRP déjà connue, ainsi que ceux de la Calmoduline kinase II Calcium-dépendante (CaMKIIα) et de la protéine Arc. Ces protéines sont localisées sélectivement au niveau des dendrites (332). Les auteurs montrent également que, chez la souris knock-out *Fmr1*, l'expression de ces deux ARNms est augmentée dans des fractions de polyribosomes ainsi que dans le cerveau entier ou des fractions synaptosomales.

Table 2 (left half) — Cell Signalling/Communication, Intracellular modulators/effectors & Miscellaneous

Gene Identity	IMAGE ID	FBA	UVX	Gene Locus	Autism Loci
Receptors					
GABA A Rec., δ subunit	175536	+	–	1p36.3	
GABA A Rec., π subunit	2211391	+	–	5q33-q34	
glucocorticoid rec. α, variant 3' UTR	1371945	+	+		
nuclear receptor subfamily 3, group	2499914	–	–	5q31	
TGF β receptor, type II	566703	+	–	3p22	
Cell Signalling/Communication, Intracellular modulators/effectors					
adenylate cyclase 3	2274756	+	–	2p24-p22	
APO-1/CD95-associated phosphatase	2130303	–	–	4q21.3	
dual specificity phosphatase 3	1099882	+	–	17q21	17q
Gi, α2 subunit	2458497	+	–	3p21	
Gs, α subunit	2270593	+	+	20q13.2-q13.3	
GDP-dissociation inhibitor protein	1241122	+	+	12p12.3	
GRK4	1853734	+	+	4p16.3	4p16
GTP-binding reg. protein, β1 subunit	43887	–	+	1p36.33	
GTP cyclohydrolase I	1637033	+	+	15q15	
histidine triad nucleotide-binding prot.	1758342	+	+	5q31.2	
neuronatin α	2065560	–	–	20q11.2-q12	
Oculocerebrorenal syndrome of Lowe	3441111	+	+	Xq25-q26.1	Xq25-26
progressive ankylosis gene*	NM_053714	+	+	5p15.1	
prot. kinase cAMP-dep., reg., type I, α	2005388	+	–	17q23-q24	17q
protein kinase C, γ type	2563067	+	+	2p21	
PI-3-kinase, p110, β subunit	2509074	–	+	3q23	
protein phosphatase 1, reg. subunit 12A	29171	–	–	12q15-q21	
RGS5	550112	+	+	1q23	
RGS12	2456375	+	+	4p16.3	
RGS13	2510403	+	+	1q25.3	
S/T kinase 3 (Ste20 homolog)	2276659	+	+	8q22.1	
SR protein kinase 1	856135	+	+	6p21.3-p21.2	
Calcium and integrin-bind. protein 1	2180142	+	+	15q25.3-q26	
Signal trans. & act. of transcrip. 1, 91kD	2452685	+	+	2q32.1	2q31-32
TNF receptor-associated factor 2	2187226	+	+	9q34	
TGF β-activated kinase-binding prot. 1	2228397	+	+	22q13.1	
Miscellaneous					
calbindin 1, 28kD	1761802	+	–	8q21.3-q22.1	
cyclin I	510137	+	+	4q13.3	
cyclin-dependent kinase 4	2276340	+	–	12q14	
EST, weakly similar to caltractin	1640501	+	–	14q32.11	
FGF2 (basic)	649832	+	+	4q26-q27	
FGF (acidic) intracellular binding prot.	2457257	+	–	11q13.1	
FK506-binding protein 3, 25kD	1711344	+	–	14q21.1	
hypothetical prot. DKFZp564G2022	2104194	–	–	15q14	15q14
hypothetical prot. DKFZp762L0311	1991873	+	–	7p21.3	7p21

Table 2 (right half) — Cell Structure/Motility, Secretory & Gene/Protein Expression

Gene Identity	IMAGE ID	FBA	UVX	Gene Locus	Autism Loci
Adhesion					
cadherin 11, type 2, OB-cadherin	1669587	+	–	16q22.1	
cadherin 17, LI cadherin	2455355	+	+	8q22.1	
Kallmann syndrome 1 protein	50182	+	+	Xp22.32	
ECM					
collagen, type II, α1	995153	+	+	12q13.11-q13.2	
collagen, type VI, α2 subunit	2559440	+	+	21q22.3	
collagen, type XI, α1 subunit	2471012	+	+	1p21	
dystroglycan-assoc. glycoprotein 1*	AF357216	+	+	3p21	
matrix metalloproteinase 13	1486567	+	+	11q22.3	
Cytoskeletal					
cytoplasmic dynein, light chain	2183674	+	+	12q24.23	
kinesin-like protein 3C	287B4	–	–	2p23	
MAP4	37210	–	–	3p21	
non-erythotic spectrin (fodrin), α	2429561	+	+	9q33-q34	
tubulin, α1 subunit, testis specific	2441449	+	+	2q36.2	
vimentin	222760	+	+	10p13	
Secretory					
ADP-ribosylation factor-like 3	1456099	+	+	10q23.3	
β-adaptin	2457832	+	+	17q11.2-q12	17q
Mss4	360166	–	–	1q32-q41	
neuronal pentraxin II	1055755	–	–	7q21.3-q22.1	7q21
Rab 3A	179603	+	–	19q13.2	19p
syntaxin 5A	1661457	–	–	11q13.1	
vacuolar ATP synthase subunit F	502211	+	+	7q32	7q32
Gene/Protein Expression					
carboxypeptidase A3	2457107	+	+	3q21-q25	
chromobox homolog 3	1891986	+	–	7p21.1	
cAMP-dep. transcription factor ATF-4	44243	–	–	22q13.1	
eukaryotic translation init. factor 5	202413	–	+	14q32.33	
HLH transcription factors 4	30757	–	–	15p21	
ribosomal protein p40/LRP	1087644	+	+	3p21.3	
POU-domain protein rdc-1	1657872	–	+	13q21.1-q22	13q21-22
proteasome 26S subunit p28/gankyrin	28205	+	+	Xq22.3	
sialyltransferase 8A	2331056	–	–	6p21.3	
transcription factor NF-Y, α	2171802	–	+	12q32-q23	
transcription factor NF-Y, β	26191	–	–	19q13.3	19q13
60S ribosomal protein L13a	26191	–	–	19q13.3	19q13
ubiquitin-conj. enzyme E2A (HR6A)	950356	–	+	Xq24-q25	Xq25-26
IGF binding protein 5	2097295	+	+	2q33-q36	
IGF binding protein 6	1751188	–	+	12q13	
IGF binding protein 7	2421712	+	+	4q12	
ornithine decarboxylase antizyme inh.	380345	+	+	12q22.3	
proline and glut. acid rich nuc. prot.	2441261	+	+	17p13.3	
sialyltransferase 8A	1659117	–	+	12p12.1-p11.2	
superoxide dismutase 1	1626124	+	+	21q22.11	
ubiquinol-cytochrome c reductase	221194	+	+	19p13.3	19p

(d'après Miyashiro et al., 2003)

Table 2: Interactions directes d'ARNm avec FMRP. Les ARNm associés à la protéine FMRP sont groupés par classe fonctionnelle, avec le nom du gène, et les locus génétiques. Les signes + et – indiquent si les ARNm étaient positifs aux tests FBA et UVX.

Les auteurs montrent aussi que l'interaction de FMRP avec ces deux ARNms n'est pas directe mais s'effectue par l'intermédiaire d'un autre ARNm, BC1, un petit transcrit non codant abondant dans le cerveau et qui est également transporté au niveau des dendrites (251). Récemment, une autre étude a montré que BC1 avait un rôle dans la répression de la traduction des ARNms *via* l'inhibition de la formation du complexe de pré-initiation 48S (366). Dans leur étude, Zalfa et al. émettent l'hypothèse que BC1 puisse former un pont entre FMRP et les ARNms *CaMKII* et *Arc*, hypothèse qui s'appuie sur le fait que lorsqu'on ajoute un oligonucléotide antisense de BC1, on inhibe l'interaction de FMRP avec l'ARNm codant MAP1B.

3.4.3 Le rôle de FMRP dans la plasticité synaptique

La protéine FMRP se localise au niveau des épines dendritiques (95). De plus, le niveau d'expression du gène codant la protéine FMRP est sensible à l'activité synaptique. En effet lorsqu'on stimule *in vitro* les récepteurs métabotropiques au glutamate (mGluR) ou *in vivo* le cortex, on observe une augmentation de la quantité de protéine FMRP (127). Ces observations ont conduit les chercheurs à s'intéresser à la plasticité synaptique au long terme. Une récente étude a montré une augmentation de la LTD dépendante des récepteurs mGluR sur des tranches d'hippocampe de souris knock-out *Fmr1* (152). Les auteurs avaient précédemment montré que la voie de signalisation des récepteurs métabotropiques du glutamate mGluR5 induisait une LTD dépendante de l'activation de la synthèse de protéines post-synaptiques et impliquant une internalisation des récepteurs AMPA et NMDA (325). Les auteurs ont alors suggéré qu'il pouvait y avoir un lien entre cette augmentation de la LTD dépendante de la synthèse protéique et l'élongation des épines dendritiques : une des possibilités est que l'activation des récepteurs mGluR conduise à une augmentation locale de la concentration en calcium qui a déjà été associée à la longueur des épines dendritiques (357). Snyder et al. proposent que FMRP régule la traduction des ARNms impliqués dans la LTD dépendante des récepteurs mGluR et que l'absence de FMRP induise une LTD excessive qui serait le prélude à une élimination des synapses et à l'apparition de défauts associés aux épines dendritiques.

Quant à la LTP, il a seulement été montré par Li et ses collaborateurs (206) que lorsqu'on induit une LTP par administration d'un agent tétanique chez la souris knock-out *Fmr1* au niveau du cortex, du cervelet ou de l'hippocampe, on observe une réduction de la LTP et du nombre des récepteurs GluR1 uniquement au niveau du cortex cérébral.

3.4.4 Le rôle de FMRP dans l'architecture dendritique

L'observation chez les patients atteints de l'X-fragile d'une densité supérieure en épines dendritiques, plus longues et plus fines, a conduit les chercheurs à suspecter un rôle de FMRP dans la régulation de la morphologie des épines dendritiques. Cette hypothèse a été depuis renforcée par les interactions de FMRP avec les ARNm de protéines impliquées dans l'architecture du cytosquelette. Tout d'abord FMRP se lie à l'ARNm codant la protéine d'interaction cytoplasmique avec FMRP (CYFIP1) (Bardoni et al., 2002), qui se lie elle-même à Rac-1, membre de la superfamille des GTPases Ras (308). Lorsque Rac-1 est activé constitutivement, cela se traduit par une augmentation anormale de la densité en épines dendritiques (255), un phénotype également retrouvé dans le syndrome de l'X-fragile. Une implication de la protéine Rac-1 a donc été suspectée dans la maturation et le maintien des épines dendritiques.

Une autre fonction associée à la protéine FMRP est le changement de la structure des synapses. FMRP se lie à l'ARNm de MAP1B, or le gène orthologue chez la drosophile, *Futsch*, joue un rôle dans les réarrangements des boucles qui se forment au cours de la division des boutons synaptiques. Et chez le mutant drosophile *dfmr1* on observe une augmentation de la croissance et du nombre de boutons synaptiques d'au moins 50%, qui résulte de la surexpression de *Futsch* (112). La transmission synaptique évoquée est aussi augmentée chez ce mutant. En revanche lorsqu'on surexprime le gène codant dFMR1, la protéine drosophile orthologue de FMR1, dans les compartiments pré- et post-synaptiques, on observe une diminution du nombre de boutons synaptiques et cette diminution est due à la répression de l'ARNm *Futsch* par la protéine dFMR1 (112).

3.4.5 Le rôle de FMRP au niveau des axones

L'observation des défauts axonaux chez les mutants drosophiles suggère une fonction locale possible de la protéine FMRP dans la régulation de la croissance axonale et/ou la structure des synapses. En fait, il a été montré par immunofluorescence que la protéine dFMR1 était localisée au niveau des axones chez la mouche (388). Et il est possible que le phénotype anormal observé soit la conséquence de l'absence de régulation de la traduction de l'ARNm *Futsch* dans les axones chez le mutant dFMR1. A ce jour personne n'a montré l'existence de RNA granule FMRP au niveau des axones, mais pourtant il existe bien un transport d'ARNm au niveau des axones. Pour preuve en est la récente démonstration de l'existence d'un complexe RNA granule *in vitro* formé des protéines HuD (<u>Hu</u>man antigen <u>D</u>), une RNA binding protéine (338) et KIF3A, un membre de la famille des kinésines impliqué dans le transport antérograde (378) (Fig. 8). Ce complexe transporte l'ARNm de la protéine Tau, une protéine associée aux microtubules, le long de l'axone jusqu'au cône de croissance (12). Du fait de la présence de FMRP au niveau de l'axone, il est possible qu'elle participe à ce transport axonal.

En plus de ces différentes implications dans la régulation et la morphologie des dendrites, le groupe de Mandel (306) a récemment identifié plusieurs protéines partenaires de FMRP par la technique de double-hybride (voir Figure 6). Parmi ces protéines, deux en particulier semblent intéressantes pour éclairer le processus de transport entre le noyau et le cytoplasme de FMRP. Il s'agit des protéines 82-FIP et

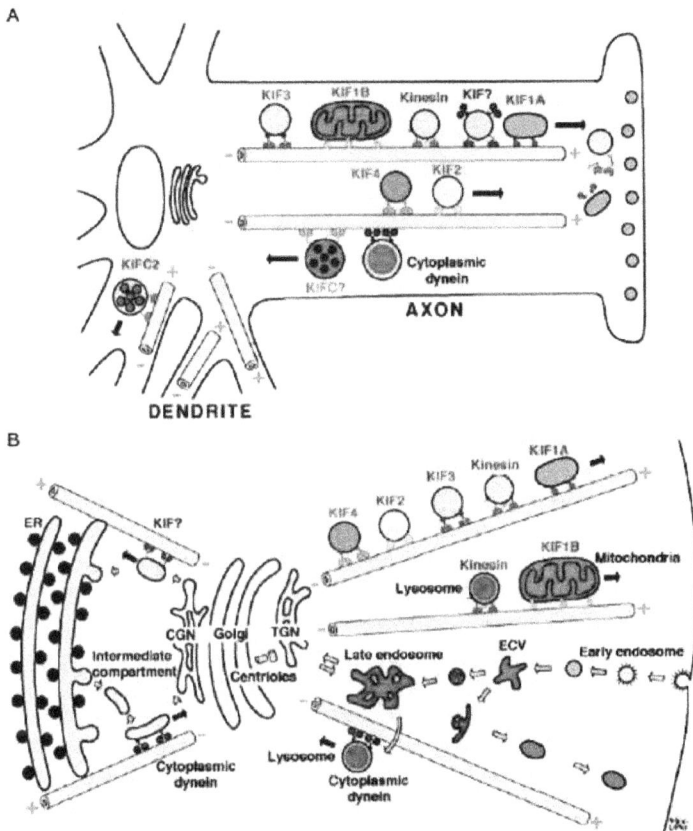

(d'après Hirokawa, 1998)

Figure 8: Schéma des protéines KIFs et de la dynéine cytoplasmique et de leurs organelles cargo dans les axones des neurones (A) et dans les cellules en général (B). Dans les neurones, KIF2 et KIF4 travaillent le plus souvent pendant les étapes juvéniles. En (B), les KIFs spécifiques des neurones et les KIFs ubiquitaires sont représentés dans la même cellule. CGN, « cis-Golgi network »; TGN, « trans-Golgi network »; ECV, « endosomal carrier vesicle. Les flèches noires indiquent la direction du transport.

NUFIP qui présentent des patrons de distribution cellulaire similaire à celui de FMRP et qui font également la navette entre le noyau et le cytoplasme également (18, 22). De plus, en ce qui concerne la protéine 82-FIP sa localisation cellulaire change en fonction du cycle cellulaire (18), ce qui suggère que les complexes mRNPs spécifiques de FMRP puissent être aussi modulés par le cycle cellulaire.

4   Stratégies d'identification de gènes candidats à la régulation des microtubules, dans les cellules neuronales

Ces stratégies sont toutes basées sur l'identification de gènes dont le profil d'expression est régulé positivement ou négativement chez des souris mutées pour l'un des gènes cités précédemment. Actuellement il existe des mutants murins pour les gènes : *LIS1*, *RELN* et *FMRP*. Plusieurs techniques d'analyse d'expression différentielle de gènes sont actuellement disponibles et seront présentées et discutées dans les paragraphes suivants.

4.1 La méthode « Représentational Difference Analysis » (RDA) (Fig. 9)

Cette méthode a été mise au point par Lisitsyn et Wigler pour analyser des différences entre deux génomes complexes (211). Elle a été ensuite adaptée à l'analyse des différentiels de transcription, en particulier par Hubank et Schatz (151). Le principe de cette méthode est basé sur une stratégie d'hybridation soustractive suivie d'un enrichissement cinétique par PCR des espèces moléculaires présentes de façon différentielle entre les deux populations comparées.

Pour les comparaisons génomiques, il est nécessaire de réduire la complexité du matériel de départ de façon à obtenir des fragments dont la taille permet une amplification par PCR. L'utilisation d'une enzyme de restriction à 6 bases donne une

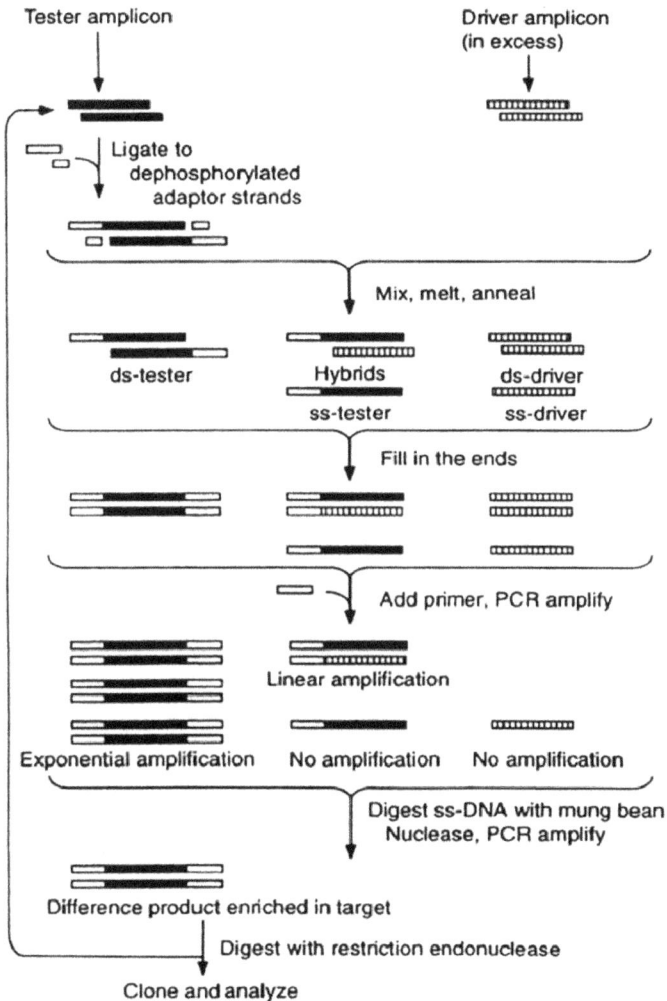

Tester amplicon

Driver amplicon
(in excess)

Ligate to
dephosphorylated
adaptor strands

Mix, melt, anneal

ds-tester   Hybrids   ds-driver
                ss-tester   ss-driver

Fill in the ends

Add primer, PCR amplify

Linear amplification

Exponential amplification   No amplification   No amplification

Digest ss-DNA with mung bean
Nuclease, PCR amplify

Difference product enriched in target

Digest with restriction endonuclease

Clone and analyze

(d'après Lisitzyn et al., 1993)

Figure 9: Protocole schématique de RDA. Le schéma illustre les étapes d'hybridation et d'amplification après la préparation des amplicons. L'étape de représentation n'est pas illustrée.

« représentation » finale de 2 à 10% du génome, avec des fragments de 150 à 1000 pb.

Dans le cas de comparaisons d'ARNs messagers, qui sont moins complexes puisqu'ils dérivent (pour une cellule classique) d'environ 15 000 gènes différents et ne représentent que 1 à 2% du génome total, l'utilisation d'une enzyme de restriction à 4 bases (DpnII) est suffisante pour limiter cette complexité.

Après les étapes de transcription inverse et de digestion enzymatique, la ligation d'un premier couple d'adaptateurs, sur les fragments d'ADNc représentatifs des deux populations à comparer (la population « TESTER » contre la population « DRIVER »), permet leur amplification par PCR. Ces adaptateurs communs aux deux populations d'amplicons sont ensuite éliminés, et pour la population « TESTER » uniquement, remplacés par un deuxième couple d'adaptateurs. Les amplicons des deux populations sont alors hybridés (« TESTER » contre « DRIVER ») : c'est l'étape d'hybridation soustractive. Trois espèces moléculaires résultent de cette hybridation : des couples « DRIVER/DRIVER », « TESTER /TESTER » et « TESTER/DRIVER ». Seuls les couples « TESTER/TESTER » qui représentent des espèces moléculaires non présentes dans la population « DRIVER » seront amplifiés exponentiellement puisque eux seuls sont dotés d'adaptateurs.

Du fait de l'étape d'amplification par PCR, cette technique autorise donc la mise en évidence des plus faibles différences entre deux populations d'ADN ou d'ADNc. Cette approche a été utilisée avec succès pour identifier des gènes qui sont régulés de façon positive, chez des souris diabétiques. C'est le cas par exemple du gène Tim44 (364) qui code une protéine ayant une fonction de translocation au niveau de la membrane mitochondriale.

4.2 La méthode du Differential Display RT-PCR (Fig. 10)

Le *Differential Display* RT-PCR (DD RT-PCR) a été initialement développé en 1992 par Arthur Pardee et Peng Liang pour identifier et isoler des gènes exprimés spécifiquement dans les cellules tumorales (oncogènes) (208). Cette méthode permet de visualiser des modifications des niveaux d'expression de gènes entre plusieurs situations expérimentales différentes. Elle est basée sur la combinaison de trois techniques (voir Figure).

1. La transcription inverse de l'ensemble des ARNm cellulaires à partir de la combinaison de trois amorces oligo-dT (H-T $_{11}$G ; H-T $_{11}$C ; H-T $_{11}$A) ancrées en 3' sur la queue poly A des ARNs messagers;
2. Le choix d'amorces arbitraires permettant l'amplification par PCR radioactive de fragments d'ADNc (EST) représentatifs du répertoire d'ARNm de la cellule ;
3. La résolution des ADNc re-amplifiés sur gel de séquence.

Il est donc possible, en utilisant un nombre limité de courtes amorces arbitraires combinées aux amorces oligo-dT ancrées, d'amplifier systématiquement et de visualiser la plupart des ARNm d'une cellule. Le nombre d'ARNm exprimés dans une cellule étant estimé entre 10 000 et 15 000, un total de 80 amorces suffit théoriquement à l'amplification de l'ensemble de ce répertoire (209). L'objectif est d'obtenir un EST de quelques centaines de paires de bases, assez court pour être séparé des autres par la taille sur un gel de séquence (polyacrylamide 6%), mais suffisamment long pour permettre l'identification du gène auquel il correspond. Les candidats qui présentent un patron d'expression intéressant sont extraits du gel, re-amplifiés par PCR en utilisant les mêmes combinaisons d'amorces que celles utilisées pour générer ces séquences, sous clonés puis séquencés. Les séquences candidates sont ensuite analysées en Blast nucléotidique et la confirmation de l'expression différentielle de ces gènes peut ensuite se faire par Northern blot, hybridation *in situ* ou RT-PCR (radioactive ou en temps réel) selon la situation expérimentale étudiée.

4.2.1 Classe d'ARNs messagers identifiables par Differential Display

Plusieurs observations indiquent qu'approximativement 98% des classes d'ARNm exprimés dans une cellule ont une représentativité de 1/10 000 à 1/100 000 et sont considérés comme rares en terme d'abondance relative, les 2% restant contribuant pour plus de 50% à la masse totale de ARNm (14, 30). L'identification de transcrits intéressants nécessite donc une méthode qui ne soit pas sensible à

GAAAAAAAAAAA-An
TAAAAAAAAAAA-An
CAAAAAAAAAAA-An

I. Reverse transcription

5'-AAGCTTTTTTTTTTTTG-3' (H-T$_{11}$G)
dNTPs
MMLV reverse transcriptase

CAAAAAAAAAAA-An
GTTTTTTTTTTTTCGAA

II. PCR amplification

5'-AAGCTTGATTGCC-3' (H-AP-1 Primer)
5'-AAGCTTTTTTTTTTTTG-3' (H-T$_{11}$G)
dNTPs
α-[^{35}S-dATP]
AmpliTaq DNA polymerase

AAGCTTGATTGCC
GTTTTTTTTTTTTCGAA

AAGCTTGATTGCC
GTTTTTTTTTTTTCGAA

III. Denaturing polyacrylamide gel

RNA sample: X   Y

Negative electrode (–)

Positive electrode (+)

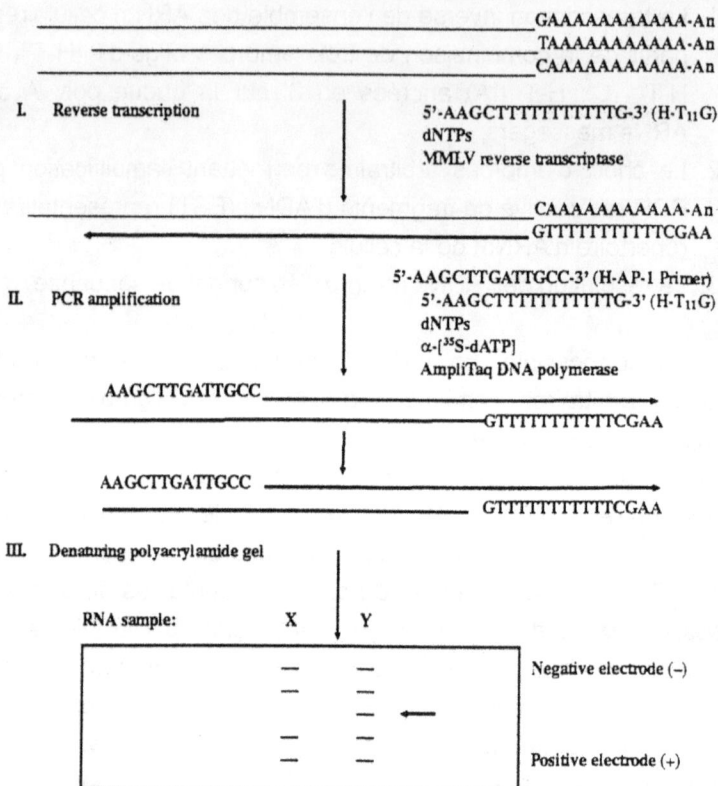

(d'après Liang et Pardee, 1992)

Figure 10: Représentation schématique du *Differential Display RT-PCR*.
Deux échantillons d'ARNs totaux issus de deux situations différentes sont reverse transcrit à l'aide d'une amorce ancrée à la queue 3' et dont la première base est un G (donc elle reconnaît les ARNm dont la dernière base juste avant la queue poly(A) est un C). Une fois reverse transcrit les deux pools d'ADNc sont amplifiés par PCR avec l'amorce utilisée pour la reverse transcription et une amorce arbitraire. Les ADNc marqués au ^{35}S sont déposés et visualisés sur un gel de séquence puis comparés entre les deux situations.

l'abondance relative des ARN messagers.

Le *Differential Display* assure l'identification de gènes exprimés à la fois à fort et faible niveau, qu'ils soient représentés par des transcrits courts ou longs (131, 317).

4.3 La méthode des microarrays (Fig. 11)

Les microarrays ont été initialement mis au point en 1975 par Southern (330) dont le rapport décrivait que des acides nucléiques marqués pouvaient être utilisés pour analyser l'expression d'acides nucléiques attachés sur un support solide. Puis la technique a été reprise par plusieurs groupes qui ont explorés la possibilité d'hybrider des ARNm sur des membranes de nylon d'ADNc (165, 203). Au cours des années suivantes, la fabrication de puces à ADN répertoriant plusieurs milliers de gènes et le développement de programmes informatiques permettant l'analyse des résultats ont alors permis aux chercheurs d'utiliser la technique pour comparer l'expression de gènes dans des situations différentes (307). La méthode est basée sur l'hybridation de deux pools d'ADNc sur un support solide où l'on a au préalable déposée un certain nombre d'ADNc ou d'oligonucléotides synthétiques correspondant à des gènes connus.

Le principe consiste à amplifier par PCR des échantillons de gènes d'intérêt. Après avoir été purifiés et contrôlé qualitativement, ces clones d'ADN sont déposés sur une lame à l'aide d'un robot contrôlé par ordinateur. Puis les ARNs totaux d'un échantillon «TEST » et d'un échantillon « REFERENCE » sont marqués par des fluorochromes, soit par la cyanine-3 (rouge) soit par la cyanine-5 (en vert) au cours d'une unique réaction de transcription inverse. Les sondes fluorescentes sont alors mélangées et utilisées pour hybrider les clones d'ADNc de la lame. Après une excitation laser, à des longueurs d'ondes différentes selon les fluorochromes, les clones ayant été hybridés sont visualisés et les images monochromes sont enregistrées par ordinateur. A l'aide d'un logiciel ces images monochromes sont colorées (signaux en rouge et vert pour les cyanines 3 et 5, respectivement) et superposées (signaux en jaune). Les données d'intensités sont ensuite normalisés Cyanine-3/Cyanine-5 et les valeurs sont classées selon un code pour lequel la valeur 1 indique qu'il n'y a pas de changement d'expression du gène d'intérêt, la valeur >1 indique qu'il y a une

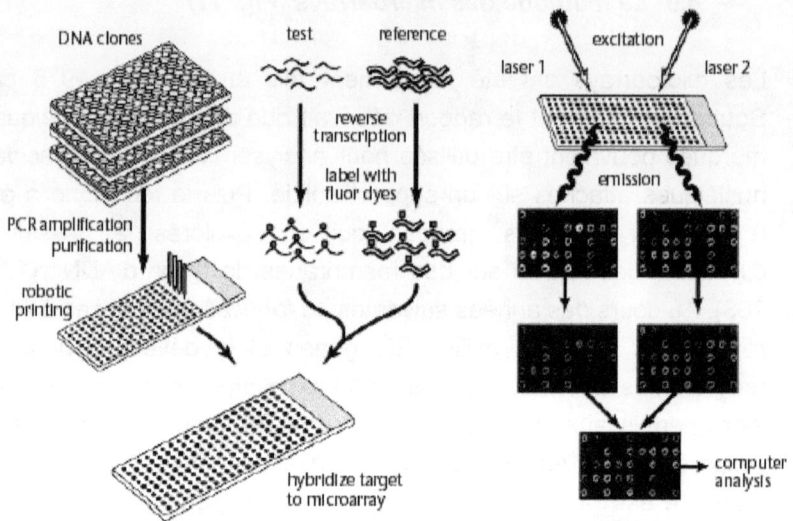

(d'après Duggan et al., 1999)

Figure 11: Schéma des microarrays. Des clones de gènes d'intérêts sont obtenus et amplifiés par PCR. Après purification et contrôle de la qualité, des aliquots de ces clones sont déposés sur un support solide à l'aide d'un robot. Les ARNs totaux de deux échantillons, test et référence, sont marqués par des fluorochromes (Cy-3 et Cy-5, respectivement) au cours d'une réaction de transcription inverse. Puis les ARNs des 2 pools sont mélangés et hybridés aux clones du support solide. Après une excitation laser, les clones positifs pour les 2 conditions sont visualisés sur des images recolorées puis superposées. Le ratio entre les deux pools test/référence permet d'obtenir une valeur x supérieure, inférieure ou égale à 1. Lorsque la valeur est égale à 1, il n'y a pas de variation de l'expression du gène d'intérêt, lorsque la valeur est > ou < à 1, il y a soit une augmentation, soit une diminution de l'expression du gène d'intérêt dans l'échantillon test.

augmentation de l'expression du gène d'intérêt et la valeur <1 indique qu'il y a une diminution de l'expression du gène d'intérêt.

4.4 La méthode de « Serial Analysis of Gene Expression » (SAGE) (Fig. 12)

La technique du SAGE a été initialement développée par Velculescu et al en 1995 (360). Elle permet d'identifier différents transcrits à partir d'un tissu ou d'une population cellulaire. Cette méthode est basée sur deux principes : 1) une courte séquence nucléotidique (~10 pb) appelée étiquette contenant suffisamment d'informations pour permettre l'identification du gène qui lui correspond dans les banques de données (GenBank) et 2) la concatémérisation des étiquettes permettant une analyse efficace des transcrits en série obtenus à partir du séquençage d'un simple clone (Fig.12).

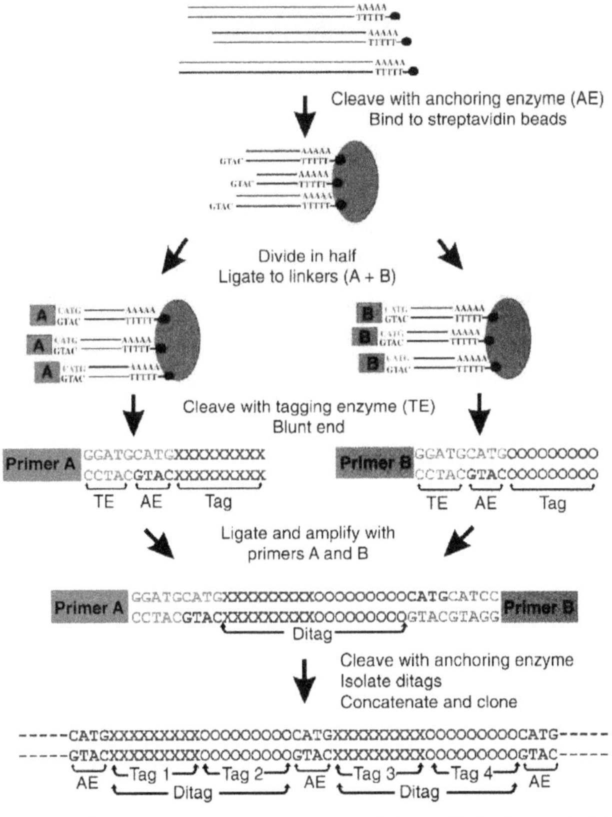

(d'après Velculescu et al 1995)

Figure 12: Schéma du SAGE. L'enzyme d'ancrage est Nla III et l'enzyme étiquette est Bms FI. Les séquences colorées en rouge et vert représentent les séquences des amorces dérivées, tandis que les bleues représentent les séquences des transcrits dérivés, avec X et O indiquant les différentes courtes séquences (étiquettes).

Le principe de la technique consiste à synthétiser des ADNc à partir d'un échantillon d'ARN en utilisant des amorces Oligo(dT) biotinilés. Ces ADNc sont ensuite clivés par une enzyme de restriction dite d'ancrage (« anchoring enzyme », Nla III). Cette enzyme est une endonucléase de restriction à 4 bases qui coupe généralement toutes les 256 paires de bases (pb), générant ainsi des fragments d'ADN plus courts. Les portions 3' des ADNc clivés sont alors isolées au moyen d'une colonne d'affinité streptavidine reconnaissant la biotine. Les ADNc ainsi isolés sont divisés en deux populations et sont ligués par l'intermédiaire du site de restriction de l'enzyme Nla III en 5' à deux adaptateurs différents contenant chacun un site de restriction pour une enzyme dite d'étiquette (« tagging enzyme », Bsm FI). Cette enzyme est une enzyme de restriction de type II qui clive l'ADN 20 paires de base après son site de reconnaissance (340). Le clivage des fragments d'ADNc par l'enzyme Bsm FI génère ainsi de courte séquence d'ADNc (~51 pb), qui contiennent les adaptateurs et une séquence de ~10 pb spécifique d'un gène. La coupure faite par l'enzyme Bsm FI donne des bouts cohésifs et il faut une réaction de polymérisation avec la T4 Polymérase pour rendre ces bouts francs. Après cette étape, les fragments d'ADNc sont ligués entre eux au niveau de ces bouts francs (queue 3' contre queue 3'), puis amplifiés grâce aux adaptateurs qui servent d'amorce à la PCR. Une fois amplifié, les fragments d'ADNc sont à nouveau clivés par l'enzyme Nla III. On se retrouve alors avec des séquences de 24-26 pb. Ces séquences sont concatémérisées entre elles par ligation puis sous clonées et séquencées.

4.5 Avantages, limitations et complémentarité des méthodes

Les quatre méthodes citées ci-dessus permettent toutes de comparer l'expression de gènes dans une situation pathologique versus saine ou d'un tissu à un autre. De plus, se sont toutes des méthodes d'analyses quantitatives, qui traduisent l'abondance des transcrits identifiés même si les différentiels obtenus nécessitent cependant une confirmation. Néanmoins, des différences existent ce qui incite à l'utilisation d'une technique plutôt qu'une autre. L'une des différences notable est la quantité de matériel de départ utilisé. En effet pour le DD RT-PCR, l'expérimentation se fait avec seulement 0,1-1 µg d'ARN totaux (208), pour le SAGE, Velculescu avait utilisé 5 µg d'ARN pancréatique. Mais depuis Elalouf a adaptée la technique à des petites quantités de cellules (30 000) correspondant à environ 0,3 µg (386). En revanche pour les techniques de RDA et de microarrays, la quantité d'ARN de départ doit être de l'ordre de 20 à 30 µg (151, 381). Un autre aspect des microarrays est qu'ils nécessitent la connaissance des séquences des gènes à analyser, alors que les trois autres méthodes permettent l'identification de gènes nouveaux, non répertoriés dans les banques de données. La sensibilité de détection des quatre techniques n'est pas non plus la même. Ainsi la RDA, le DD RT-PCR et le SAGE autorisent la détection de transcrits rares alors que les microarrays ont une sensibilité moins importante et ne détectent que des transcrits exprimés à des niveaux supérieurs. L'un des avantages de la RDA et du SAGE est la comparaison directe de l'expression des gènes entre deux populations différentes alors que le DD RT-PCR et les microarrays nécessitent une normalisation sur un gène de ménage avant d'interpréter les différences. Néanmoins l'un des avantages des microarrays et du DD RT-PCR est la comparaison de plusieurs situations (>2) dans la même expérience ce que ne peut fournir la RDA et le SAGE où seulement deux situations peuvent être comparées. En conclusion, le SAGE semble être la technique la mieux adaptée pour identifier des gènes nouveaux ou des transcrits uniques spécifiques d'un type cellulaire alors que les autres techniques sont plus adaptées à l'analyse des différences d'expression de gènes entre plusieurs situations. L'avenir de ces technique est peut être dans le couplage de deux de ces techniques comme par exemple la RDA et les microarrays. C'est ce qui a été fait par Andersson et al., qui ont récupéré des ADNc différentiellement exprimés par la méthode de RDA et qui les vérifient par la méthode des microarrays (8).

5 Les FK506-binding protéines (FKBPs)

Les FKBPs font partie de la famille des immunophilines qui se composent de deux espèces : les cyclophilines (CyPs) et les FK506-binding protéines (FKBPs) qui possèdent la capacité de lier des drogues immunosuppressives, telles que la cyclosporine A pour les cyclophilines et le FK506 ou la rapamycine pour les FK506-binding protéines. De plus, ces immunophilines appartiennent à la grande famille des peptidyl-prolyl-isomérases (PPIases), elles ont pour fonction de catalyser la réaction d'isomérisation *cis/trans* des protéines (107). Ces protéines sont bien conservées entre les différentes espèces puisqu'on les trouve chez les bactéries jusqu'aux humains. A ce jour il a été répertorié 16 FKBPs chez l'homme (Table 3), 4 FKBPs chez *E. Coli*, 4 FKBPs chez *S. cerevisiae*, 7 FKBPs chez *C. elegans*, 6 FKBPs chez la drosophile et 16 FKBPs chez *Arabidopsis thaliana* (106). Elles sont nommées selon leur poids moléculaire qui varie de 12 kDa (FKBP12) à 135 kDa (FKBP135) et classées selon leur nombre de domaines peptidyl-prolyl-isomerase (ou FK506 domaines), et de multiples alignements des FKBPs ont révélés de faibles divergences entre ces domaines FK506 (107). Pour les FKBPs de haut poids moléculaire (> 36 kDa), on retrouve des domaines additionnels tels que des motifs tétratricopeptides (TPRs), connus pour leur importance dans les interactions entre protéines et des domaines de liaison à la calmoduline. Par la liaison des protéines chaperonne HSP90 sur les TPRs certaines FKBPS (FKBP51 et FKBP52) participent aux interactions avec les récepteurs aux hormones stéroïdes. Ces domaines additionnels permettent à ces FKBPS d'avoir d'autres fonctions en plus de leur activité PPIase. D'autre part, les FKBPs sont présentes chez des organismes comme la levure ou les plantes qui ne possèdent pas de système immunitaire ce qui suggère que ces protéines participent à des fonctions de base chez ces organismes. Récemment, les FKBPs PAS1 et FKBP73 ont été impliquées dans le développement des plantes (196, 362).

5.1 FKBP12

La première FKBP à avoir été identifiée est la FKBP12 et c'est elle la mieux caractérisée. Sa structure et le complexe qu'elle forme avec le FK506 ou la rapamycine ont été déterminés par cristallographie (236, 294). FKBP12 possède le plus petit domaine à avoir une activité peptidyl-prolyl-isomérase. Ce domaine se présente sous la forme de cinq feuillets bêta formant deux boucles à l'intérieur desquelles on retrouve une courte hélice alpha. Une autre isoforme de cette immunophiline, la FKBP12.6 a été identifiée et sa structure en cristallographie est identique à celle de FKBP12 (76). Ces deux immunophilines interviennent dans plusieurs mécanismes de régulation détaillés ci-dessous.

5.1.1 FKBP12 et la réponse immunitaire

Les drogues FK506 et la rapamycine sont utilisées en clinique pour éviter le rejet des greffes lors de transplantations d'organes chez l'homme (313). Ces immunosuppresseurs se fixent sur le site catalytique de la FKBP12 et inhibent son activité enzymatique, d'où une inhibition de la réponse immunitaire des lymphocytes T (311, 327). Cette inhibition de l'activation des lymphocytes T s'effectue par différentes voies. Tout d'abord, il a été montré que le complexe FKBP12-FK506 interagit avec la calcineurine, une protéine phosphatase activée par la calmoduline (212). Un des substrats de la calcineurine est le facteur de transcription NF-AT (pour « Nuclear factor of activated T-cells »), qui active la transcription de gènes spécifique des lymphocytes T dont l'interleukine-2 (IL-2) et son récepteur. Pour entrer dans le noyau NF-AT doit être déphosphorylé et lorsque le complexe drogue-immunophiline se fixe à la calcineurine, son activité phosphatase est inhibée, conduisant à une augmentation de facteur NF-AT phosphorylé, incapable de pénétrer dans le noyau et d'activer la transcription de l'IL-2 et donc d'activer les lymphocytes T (Fig. 13).

Lorsque FKBP12 fixe la rapamycine, le complexe ne va pas se lier à la calcineurine mais à des protéines kinases, très conservées entre les espèces, désignées par les noms de TOR (pour « Target of rapamycin ») chez la levure et mTOR/RAFT (pour « rapamycin and FKBP12 target »)/FRAP (pour « FKBP and rapamycin associated protein ») chez les mammifères (38, 47, 121, 138, 296). Les TOR kinases régulent la traduction *via* divers mécanismes : dans les cellules des mammifères elles agissent sur la protéine kinase S6K1 (pour « ribosomal S6 kinase 1 ») et dans les cellules de levure elles agissent sur le facteur de traduction eIF4E (pour « eukaryotic translation initiation factor 4E ») (Fig. 14). Les TOR kinases phosphorylent la protéine régulatrice de la traduction 4E-BP1 (pour « eIF4E-binding protein ») et modulent l'initiation de la traduction via la S6K1 et 4E-BP1 (40, 44). Les TOR kinases sont également essentielles à la viabilité et la progression du cycle cellulaire (16, 138, 194). Sachant que les TOR kinases régulent la traduction de gènes par l'intermédiaire des facteurs de traduction comme eIF4E mais aussi eIF4G chez la levure et *C. elegans* (28, 217), il est possible qu'elles agissent chez les mammifères également au niveau des dendrites et des RNA granules FMRP où ces facteurs sont également requis pour la traduction d'ARNs spécifiques des synapses.

4.1.1 FKBP12 et les récepteurs à la ryanodine

Le réticulum sarcoplasmique est le site majeur de stockage du calcium (Ca^{2+}) des cellules musculaires striées de mammifères. Il contient deux types de canaux Ca^{2+}, les récepteurs à la ryanodine (RyRs) et les récepteurs à l'inositol triphosphate (IP$_3$R) (46).

FKBP12 se lie au récepteur à l'IP$_3$ qui est activé lorsqu'il est phosphorylé par la protéine kinase A (PKA) et inactif lorsqu'il est déphosphorylé par la calcineurine. Quand FKBP12 n'est pas lié au récepteur IP$_3$R, le canal fonctionne de manière irrégulière et lorsque FKBP12 est fixé au récepteur, elle apporte avec elle la calcineurine permettant un rétrocontrôle négatif du canal (46).

FKBP12 se lie également aux récepteurs RyRs formant un complexe stoechiométrique stable avec quatre molécules de FKBP12 par canal. Sachant qu'un canal actif est composé de quatre sous unités identiques (355), il y a une molécule de FKBP12 par sous unité (Fig. 13).

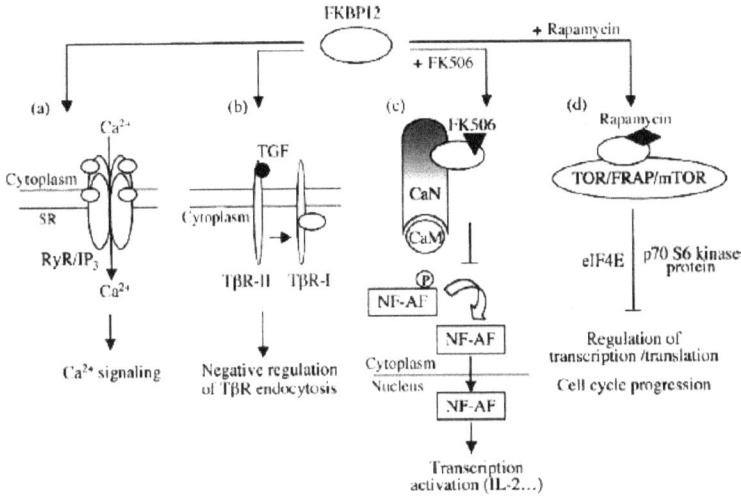

(d'après Breiman et Camus, 2002)

Figure 13: FKBP12 influence l'activité de plusieurs protéines régulatrices.
(a) FKBP12 se lie aux récepteurs à la ryanodine (RyRs) et à l'inositol triphosphate (IP_3R) et régule leur transport de calcium (Ca^{2+}) et leur voie de signalisation. (b) FKBP12 interagit également avec le récepteur au TGFβ et régule négativement l'endocytose du récepteur. (c,d) La liaison des immunosuppresseurs FK506 et la rapamycine inhibe la fonction de FKBP12 mais est aussi responsable de l'inhibition de la voie d'activation des lymphocytes T dans la réponse immunitaire. (c) FKBP12 se complexe avec le FK506 et inhibe l'activité de la calcineurine empêchant la déphosphorylation du facteur NF-AT et son entrée dans le noyau pour activer la transcription de l'IL-2. (d) Le complexe FKBP12-rapamycine interagit avec les TOR/FRAP kinases et régule la transcription, la traduction et la progression dans le cycle cellulaire via la protéine ribosomale S6K1 et le facteur eIF4E.

FKBP12 stabilise la fonction des canaux RyRs et facilite leur couplage avec les canaux RyRs voisins (37, 224). En effet, si FKBP12 se dissocie des récepteurs, cela altère significativement les propriétés biophysiques des canaux (37, 166), et inhibe en plus le couplage avec les canaux voisins provoquant alors l'ouverture des canaux de façon chaotique au lieu d'un fonctionnement de façon coordonnée (224, 225).

Il existe trois isoformes de canaux RyRs : RyR1, la première isoforme identifiée qui se trouve dans les muscles squelettiques, RyR2 qui se trouve dans le réticulum sarcoplasmique des cellules cardiaques et RyR3 qui se trouve dans le cerveau (310).

Dans le muscle cardiaque, les canaux sont formés de quatre sous unités des récepteurs RyR2 et de quatre molécules de FKBP12.6. Récemment, il a été montré que la liaison de FKBP12.6 aux canaux RyR2 était sensible à la phosphorylation par la protéine kinase A (PKA). En effet, lorsque les canaux RyR2s sont phosphorylés par la PKA, la FKBP12.6 se dissocie et il en résulte une déstabilisation des canaux RyR2 affectant leur fonction (225). Ce défaut de fonctionnement due à la phosphorylation des canaux RyR2 par la PKA est également retrouvé chez les humains dans certaines maladies cardiaques congénitales (225) et il semble que la fixation de la FKBP12.6 régule la fonction des canaux RyR2 en gardant leur conformation inactive (276). Les études chez la souris knock-out pour FKBP12 qui présente une cardiomyopathie sévère et des défauts du septum ont montré que les canaux RyR2 du cœur mais aussi les canaux RyR1 des muscles squelettiques étaient altérés, et que la FKBP12.6 ne pouvait pas fonctionnellement remplacer la FKBP12 (320).

4.1.2 FKBP12 et les récepteurs TGF β type 1 et EGF

Le « transforming growth factor » (TGF) fait partie de la grande famille de facteur de croissance qui régulent divers processus biologiques (226). Le TGF se lie à deux récepteurs de surface, des récepteurs transmembranaires composés de domaines sérine/thréonine kinase de type I (TβR-I) et de type II (TβR-2) (Fig. 13). Lorsque le TGF se fixe au récepteur TβR-I, cela induit la phosphorylation d'une région située en amont du domaine sérine/thréonine kinase que l'on appelle GS-région. Or FKBP12 se lie à cette région lorsque le récepteur est inactif empêchant ainsi la phosphorylation du récepteur et par conséquent son activation (154). Cette fixation se fait par l'intermédiaire du domaine FK506 de FKBP12 car si on ajoute 1 µM de FK506, cela inhibe la liaison de FKBP12 au récepteur (367). De plus, il a été montré récemment que lorsque la liaison FKBP12 au récepteur est empêchée, il y a une augmentation de l'internalisation du récepteur TβR-I (382). FKBP12 semble donc agir comme un tampon dans la signalisation du TGF, en stabilisant et prolongeant la durée de vie de la forme inactive du récepteur TβR-I.

FKBP12 a aussi été décrite comme un inhibiteur de l'autophosphorylation du récepteur à l'EGF (EGFR). En effet en réponse à la fixation de FKBP12 au récepteur EGFR, il y une inhibition de l'autophosphorylation de celui-ci, mais cette inhibition est réversible puisque l'ajout de FK506 restore l'autophosphorylation du récepteur (218). Il a donc été suggéré que FKBP12 avait une fonction inhibitrice de la voie de signalisation de l'EGFR par la stimulation d'une phosphatase couplée au récepteur, cette action nécessite la fonction PPIase de FKBP12.

4.2 FKBP52

FKBP52 fait partie des FK506 binding protéines de haut poids moléculaire, qui possèdent des domaines additionnels en plus du domaine FK506. FKBP52 a été découverte initialement comme un membre du récepteur de la progestérone chez le lapin et plus tard comme un membre d'autres complexes de récepteurs aux stéroïdes (254, 286, 343). FKBP52 possède deux domaines FK506, trois domaines TPRs et un domaine de liaison à la calmoduline. Le premier domaine FK506 est celui qui porte l'activité PPIase sensible aux immunosuppresseurs (383) et le second domaine possède un site de fixation des nucléotides (227, 342). La protéine FKBP52 se localise au niveau du noyau et dans le cytoplasme au niveau des microtubules dans les cellules. Elle a même été associée au fuseau mitotique pendant la division cellulaire (68, 69). Un des rôles proposés pour FKBP52 est le mouvement des complexes formés des récepteurs aux stéroïdes et des protéines chaperonnes HSP90 (pour « Heat Shock Protein 90 ») du cytoplasme vers le noyau (68, 110). En effet, les récepteurs aux stéroïdes sont des protéines solubles qui font la navette entre le cytoplasme et le noyau. Ils sont normalement associés aux HSP90, mais suite à la fixation d'une hormone les récepteurs se dissocient des HSP90 et viennent enrichir le noyau où ils se dimérisent agissant ensuite comme des facteurs de transcription. Les récepteurs aux stéroïdes inactivés contiennent de multiples domaines PPIases similaires à ceux des FKBPs (23, 252). Les protéines HSP90 interagissent directement avec le site de fixation des hormones des récepteurs (275). Or les FKBPs qui possèdent des TPRs, dont la FKBP52, se lient aux HSP90 par leur intermédiaire. Cette liaison est sensible à la phosphorylation puisque la forme phosphorylée de FKBP52 ne fixe plus les HSP90 (239). En plus de sa contribution aux complexes des récepteurs aux stéroïdes, FKBP52 est impliquée dans la réponse des cellules humaines à la stimulation par le proto-oncogène c-myc (63). Et c-myc est un facteur de transcription impliqué dans la prolifération cellulaire dont l'expression est altérée dans un grand nombre de tumeurs.

4.2.1 FKBP52 et ses partenaires

Chambraud et ses collaborateurs ont utilisé la technique de double-hybride chez la levure afin de trouver d'autres partenaires que les protéines HSP90 et la calmodulin à la FKBP52. Ils ont utilisé le domaine PPIase comme appât et ont ainsi identifié deux nouvelles protéines associées à FKBP52 : le PAHX (pour « peroxisomal enzyme phytonoyl CoA a hydrolase ») et la FAP48 (pour « FKBP and Rapamycin associated protéin ») (54, 55). Le gène codant le PAHX est associé à la maladie de Refsum qui est une maladie autosomique récessive du métabolisme des lipides initialement reconnue comme un syndrome neurologique et caractérisée par une pigmentation de la rétine anormale (158). Quant à la FAP48, son rôle est encore inconnu à ce jour même si récemment Krummrei et al. ont mis en évidence que la surexpression de la FAP48 *in vitro* dans une lignée de cellules T en présence de FK506 induisait une inhibition de la prolifération cellulaire (191).

FKBP52 est aussi associée au facteur de régulation de l'interféron 4 (IFR4) (220). IFR4 est impliqué dans la réponse pathogénique, l'immunomodulation et le développement hématopoïétique (258). Et l'interaction entre FKBP52 et IFR4 a pour conséquence une inhibition de l'activité transcriptionelle de IFR4. Cette inhibition dépend de l'activité PPIase de FKBP52 ce qui suggère que l'isomérisation cis/trans interfère avec les activités de fixation à l'ADN et de transcription (220). On a vu que FKBP52 était localisé au niveau des microtubules suggérant son implication dans les mouvements des complexes des récepteurs aux stéroïdes vers le noyau or récemment il a été montré que FKBP52 interagissait directement avec la dynéine au niveau de son domaine PPIase (109, 110). La dynéine intervient dans les mouvements antérogrades le long des microtubules (271). Les complexes stéroïdes-HSP90 des lymphocytes et de lysats de réticulocytes contiennent de la dynéine, il semble donc que FKBP52 se lie aux complexes des récepteurs aux stéroïdes *via* un mouvement antérograde.

4.2.2 *Autres fonctions associées à FKBP52*

D'autres fonctions ont également été associées à FKBP52. Par exemple,
FKBP52 est impliquée dans la médiation des effets neurorégénératifs des inhibiteurs des FKBPs, tel que le FK506 (125). En plus FKBP52 possède une fonction de protéine chaperonne ainsi elle supprime l'agrégation de la citrate synthase (CS) (33). Cette fonction est indépendante de l'activité PPIase car elle n'est pas inhibée par le FK506.

4.3 Les FKBP73 et 77 du blé

Chez le blé, il existe également deux FKBPs similaires à FKBP52, il s'agit de FKBP73 et FKBP77. Elles présentent 50% d'homologie sur toute la séquence avec FKBP52 et toutes les deux possèdent des domaines TPRs et un domaine de fixation de la Calmoduline (284). Fonctionnellement, elles sont capables de remplacer la FKBP52 et de se complexer avec les récepteurs aux stéroïdes (284). De plus chez le blé leur surexpression provoque une stérilité chez les plants mâles (196). Comme pour FKBP52, FKBP73 possède une activité chaperonne qui est indépendante de sa fonction PPIase, elle est aussi capable d'inhiber l'agrégation de la CS (195). La seule différence observée est que FKBP73 se fixe transitoirement à la CS alors que FKBP52 se fixe plus étroitement.

4.4 FKBP25

Nous avons isolé FKBP25 lors d'une analyse différentielle entre le télencéphale et les régions plus postérieures (diencéphale plus mésencéphale) à E10 chez l'embryon de souris. En effet FKBP25 était surexprimée au niveau du télencéphale, d'où notre intérêt, sachant qu'à ce stade de développement il n'y a qu'une seule couche de cellules correspondant aux cellules souches du télencéphale (280), et qu'aucune fonction dans les cellules souches neuronales n'a été à ce jour proposée pour FKBP25. FKBP25 fait partie de la famille des imunophilines, elle possède un domaine FK506 en C terminale de la protéine, un signal de localisation nucléaire et un site de fixation à l'ADN en N terminal de la protéine (108, 162, 292). FKBP25 a bien une fonction PPIase inhibée par le FK506 et la rapamycine. Cette inhibition est d'ailleurs plus efficace avec la rapamycine que le FK506 (162). La protéine FKBP25 se localise dans le noyau comme démontré par Rivière et al. (292) et Jin et Burakoff (161), de plus elle est associée à la nucléoline et est phosphorylée par la caseine kinase II (161). Une autre étude a montré que l'expression du gène *FKBP25* était régulé négativement lorsqu'on induit l'expression de la protéine p53 *in vitro* (1). P53 est une protéine impliquée dans la répression de la transcription de gènes, la sortie du cycle cellulaire qui aboutit à l'apoptose des cellules (351). Dans cette étude un autre gène codant pour une protéine associée aux microtubules, la Stathmine (Op18) est aussi régulé négativement, ce qui suggère un lien entre FKBP25 et cette protéine. Deux études ont permis d'isoler des partenaires de FKBP25. Tout d'abord FKBP25 a été trouvée associée à la protéine HMG II (pour « High Mobility Group »), qui est importante pour l'activité transcriptionelle de gènes (293), à la protéine Rab5, une « GTP-binding protein », la guanylyl kinase et la « phosphatidylethanolamine-binding protein (201). Puis plus récemment FKBP25 a été associée aux histones déacétylase

HDAC1 et HDAC2 ainsi que le facteur de transcription YY1 (380) . Ces trois protéines sont toutes impliquées dans le contrôle de la transcription des gènes (365).

4.5 FKBP36

Nôtre intérêt s'est porté sur cette immunophiline parce qu'elle était impliquée dans une maladie autosomique dominante, le syndrome de Williams-Beuren (WBS), qui provoque des anomalies cardiaques, une dysmorphie faciale et des troubles cognitifs particuliers (93, 103). Ce syndrome correspond à la microdélétion d'un fragment du chromosome 7q11.23 qui s'étend sur 1.5 Mégabases et comprends environ 17 gènes (270). A ce jour seul le gène de l'élastine (ELN) a été impliqué dans les anomalies cardiaques observées chez les patients atteints du WBS, mais aucun autre n'a été corrélé avec les troubles cognitifs (93). Le gène *FKBP36* (initialement nommé *FKBP6*) fait partie de la délétion commune du WBS, il code une immunophiline, FKBP36, composée d'un domaine FK506 en N terminal de la protéine et de trois domaines TPRs en C terminal de la protéine (234). Le gène *FKBP36* est très fortement exprimé dans les testicules adultes chez l'humain et la souris et l'invalidation du gène *Fkbp36* chez la souris (66) provoque chez les mutants homozygotes mâles une stérilité. Dans ce papier les auteurs montrent que la protéine Fkbp36 est localisée au niveau du corps des chromosomes et dans les régions synaptiques des chromosomes homologues en méiose. En effet les chromosomes homologues s'apparient au niveau d'une structure spécifique que l'on appelle le complexe synaptonémal (394). L'invalidation du gène chez la souris aboutit à une aspermie et à un stade pachytène anormal au cours de la méiose qui se traduit par un mauvais alignement des paires de chromosomes homologues, des changements de partenaires entre chromosomes non homologues et un auto- appariement du chromosome X sur lui-même. De plus ces auteurs ont trouvé que la mutation spontanée chez le rat mâle *as/as*, responsable de sa stérilité était localisée dans l'exon 8 du gène *Fkbp36*. Les auteurs ont également montré que la protéine Fkbp36 faisait partie du complexe synaptonémal puisqu'il immunoprécipite avec la protéine Scp1 qui forme le complexe chez les mammifères (394). Ce complexe synaptonémal est essentiel pour la fertilité spécifiquement liée au sexe et la fidélité des appariements entre les chromosomes homologues pendant la méiose (385).

RESULTATS

1 Expression des FKBPs dans les neuroblastes en prolifération au cours du développement du télencéphale.

1) *Position du problème*

Les immunophilines comprennent deux catégories de molécules, les cyclophilines et les FKBPs qui lient les drogues immunosuppressives, la Cyclosporine A et le FK506 respectivement (221). Les FKBPs sont classées selon leur poids moléculaire qui varie de 12 à 65 kDa. Elles possèdent une fonction PPIase et interagissent avec plusieurs partenaires : i) FKBP12 module la fonction des récepteurs libérant le calcium et s'associe au récepteur du TGFβ et à la calcineurine ; ii) FKBP12.6 est aussi associée aux récepteurs cardiaques libérant le calcium (315); iii) FKBP25 est localisée dans le noyau et se complexe avec la nucléoline et la caséine kinase (161); iv) FKBP36 est délétée dans le syndrome de Williams (234) ; v) FKBP51 est exprimée dans les cellules T primaires (25) ; vi) FKBP52 lie la calmoduline et les protéines HSP90 de la forme inactive des récepteurs aux hormones stéroïdes (269). Bien que les immunophilines aient été étudiées dans les cellules du système immunitaire, elles sont très abondantes au niveau du système nerveux, aboutissant à des études afin d'identifier leur fonction neuronale (326, 331). Ainsi FKBP12 est co-localisée avec la calcineurine à une forte densité au niveau des cellules de grain du cervelet, de l'hippocampe et le long des voies striatonigrales. La calcineurine est également connue pour déphosphorylée la synthase de l'oxyde nitrique qui induit la libération des neurotransmetteurs (326, 328). La libération du calcium intracellulaire peut être modulée par le complexe FKBP12/calcineurine qui interagit avec les récepteurs à l'IP$_3$ localisés dans la membrane du réticulum endoplasmique (37). De plus les ligands des immunophilines ont des effets neurotrophiques pour un certain nombre de neurones altérés (328).

Cependant peu de données sont disponibles sur la fonction possible des FKBPs au cours du développement neuronal. La souris déficiente pour FKBP12 a une sévère cardiomyopathie et des anomalies septales ventriculaires. De plus 9% des mutants présentent un phénotype d'exencéphalie, qui a déjà été observé pour d'autres gènes impliqués dans le cycle cellulaire tels que p53 (297) ou Gadd45 (144). Ces données suggèrent que FKBP12 pourrait avoir un rôle dans la régulation des neuroblastes au cours du développement neuronal.

L'épithélium pseudostratifié du télencéphale est constitué d'une seule couche cellulaire en prolifération, les cellules souches. Ces cellules se divisent, migrent et se différencient pour former les 6 couches corticales (282). Chez la souris ces cellules souches subissent 11 divisions et la durée du cycle cellulaire varie de 8 heures en début de corticogenèse (E12.5) à 20 heures en fin de corticogenèse (E18). Au début de la corticogenèse les cellules souches se divisent de façon symétrique donnant 2 cellules filles identiques puis à la fin de la corticogenèse les cellules souches adoptent un mode de division asymétrique générant plus de neurones post mitotiques. Comme proposé par Rakic (280), une augmentation mineure de la durée du cycle cellulaire ou du nombre de division au niveau de la zone ventriculaire peut engendrer une augmentation dramatique du nombre de progéniteurs. C'est ce que l'on observe entre la souris, le macaque et l'homme ou le nombre de division augmente jusqu'à 27 cycles pour le macaque et l'homme par rapport à 11 chez la souris (188). La surface du cortex diffère entre les animaux avec des ratios de 1 : 100 : 1000 pour la souris : le macaque : l'homme, d'où l'importance de cette étape de prolifération au niveau du télencéphale. Des anomalies de la prolifération cellulaire peuvent réduire le nombre de neurones corticaux et induire des maladies neurologiques sévères telle que la microcéphalie, ou plus subtile telle que le retard mental.

2) *Résultats*

a) *Identification de l'expression des FKBPs dans les neuroblastes en prolifération du télencéphale*

Par RT-PCR nous avons mis en évidence l'expression de la plupart des FKBPs au niveau des cellules souches du télencéphale (Fig.1).

Ensuite, nous avons développé une stratégie permettant l'identification de gènes candidats à des maladies du développement neuronal. Cette stratégie est basée sur une approche de *Differential Display* RT-PCR (208). Nous avons comparé l'expression de gènes entre deux régions du cerveau embryonnaire à E10.5 chez la souris, le télencéphale et le diencéphale plus mésencéphale. En effet la différentiation chez la souris se fait selon un axe antéro-postérieur et alors que les cellules souches du télencéphale sont en prolifération, les cellules du diencéphale et du mésencéphale sont plus différentiées. Cette comparaison doit permettre d'identifier des gènes impliqués dans la prolifération des neuroblastes du télencéphale.

b) Expression différentielle de FKBP25 dans les neuroblastes en prolifération du télencéphale

Par cette stratégie, nous avons cloné le gène codant pour la FK506 binding protéine 25. Nous avons montré par northern blot que l'expression de *FKBP25* était régulée au cours du développement. Nous avons aussi étudié le patron d'expression de *FKBP25*, à trois stades de développement différents E10.5, E13 et E15 où *FKBP25* est transitoirement exprimée dans des régions morphogénétiquement actives. A E10.5, les transcrits *FKBP25* peuvent être détectés au niveau du télencéphale, des arches maxillaires et mandibulaires, de l'ébauche du cœur, du foie et de l'intestin (Figs. 2 et 3). Après E10.5 l'expression dans ces zones diminue fortement et à E15 les ARNm de *FKBP25* sont visualisables au niveau de la substance noire, de la zone ventriculaire, de la plaque corticale, de l'ébauche du cervelet et des côtes. La protéine FKBP25 est localisée dans le cytoplasme et le noyau des cellules souches en prolifération et se redistribue dans le noyau lorsque ces cellules se différencient.

c) FKBP36 : un candidat possible aux anomalies cognitives dans le syndrome de Williams-Beuren

Le syndrome de Williams-Beuren (WBS) est une maladie du développement neuronal caractérisée par une dysmorphie faciale, des anomalies cardiaques, une hypercalcémie infantile, une déficience de la croissance et un profil cognitif particulier (246). L'incidence de cette maladie est de 1/20 000 et consiste en la microdélétion de 1.5 Mb d'une des copies du chromosome 7, en position 7q11.23. Environ une vingtaine de gènes ont été identifié dans cet intervalle dont l'élastine (ELN), la Lim Kinase 1 (LMK1), la sous unité 2 du facteur de réplication C (RFC2), le récepteur aux Wnt homologue du gène *frizzled* de la drosophile (FZD9), WSCR1, la syntaxine 1A (STX1A), GTF2I et différentes ESTs (« Expressed sequences tag ») correspondantes à des gènes inconnus (27). Bien que l'absence d'une copie du gène de la LIMK1 ait été impliquée dans le déficit spatial caractéristique des WBS (104), la délétion du gène est compatible avec une fonction normale (348). Un nouveau gène, faisant partie de la délétion WBS, a récemment été cloné par Meng et al., (234) et nous avons cloné son orthologue chez la souris. Les protéines FKBP36 humaine et murine possèdent un domaine PPIase similaire à celui de FKBP12 dans leur région N terminale. De plus elles possèdent trois domaines tetratricopeptides (TPR) dans leur partie C terminale (Fig. 4). Ces domaines TPRs sont des motifs de 34 acides aminés de séquences variables qui définissent une famille de protéines impliquées dans la régulation du cycle cellulaire, la neurogenèse, le transport des protéines et la réponse aux « heat shock » protéines (74). Ces TPRs sont également impliqués dans les interactions protéines-protéines entre FKBP51 et FKBP52 et les complexes HSP90-récepteurs aux stéroïdes (74). Ce gène *FKBP36* est présent au niveau des neuroblastes du télencéphale à E10.5 chez la souris comme le montre la RT-PCR (Fig. 1). Des données d'expression par northern blot montre que l'ARNm de *FKBP36* est détectable dans différents tissus adultes et que son expression varie au cours du développement embryonnaire (234). L'analyse de patients WBS présentant des délétions plus petites a fourni des indices sur les gènes responsables d'une partie du phénotype WBS (27, 348). A partir de ces données, la région autour des gènes *FZD9* et *FKBP36* pourrait être partiellement responsable du phénotype cognitif des patients WBS.

Sur la base de son expression dans les cellules souches du télencéphale et sa localisation chez l'humain en 5' de la région délétée du WBS, le gène *FKBP36* pourrait être un gène candidat aux anomalies cognitives visuo-spatiales des patients WBS.

3) *Conclusions*

Différents types de FKBPs ont été impliqué dans la progression du cycle cellulaire et la prolifération, dont FKBP12, qui est un composant des voies de signalisation impliquant une transduction de signaux et qui sont conservées au cours de l 'évolution depuis la levure jusqu'à l'homme (389). Elle interagit avec les protéines TOR chez la levure dont les homologues chez les mammifères sont impliqués dans la croissance cellulaire (3, 4). De plus la localisation nucléolaire de FKBP12 suggère une fonction dans la croissance cellulaire comme cela a été proposé pour d'autres protéines nucléolaires (62). Des stratégies de double-hybride permettraient d'identifier les partenaires des FKBPS et d'approcher ainsi leur fonction neuronale.

ARTICLE 1

Involvement of immunophilins FKBPs in telencephalon development

Mas, C., Guimiot, F., Levacher, B., Khelfaoui, M., Bourgeois, F., Simonneau, M

Article publié dans Immunophilins and Nervous system
Ed T. Hedergen. Prous, Barcelona.

ISBN: 84-8124-165-2

6

Expression of FKBPs in Proliferating Neuroblasts During Embryonic Telencephalon Development

Christophe Mas, Fabien Guimiot, Francine Bourgeois, Malik Khelfaoui, Béatrice Levacher and Michel Simonneau

Neurogénétique, INSERM E9937, Hôpital Robert Debré, Paris, France

FK506-binding proteins (FKBPs) are cellular receptors for the immunosuppressive drugs FK506 and rapamycin. FKBPs are thought to be involved in cell-cycle progression and proliferation. We have shown that the FKBP family is expressed in the mouse developing telencephalon. We studied in detail two FKBPs from this family that are candidates for neurodevelopmental diseases on the basis of their chromosomal localization: i) FKBP25 whose human ortholog is located at 19p13.3 in a candidate locus for ataxia and mental psychomotor retardation; and ii) FKBP6 whose human ortholog is located at 7q11.23 and is deleted in Williams syndrome (WS), a developmental disorder with a characteristic impaired visual-spatial constructive cognition. The expression patterns of these two genes were studied by radioactive relative RT-PCR, *in situ* hybridization and Northern blot analysis. The expression of these FKBPs in proliferating neuroblasts at the stage where ventricular neuroblasts proliferate to generate the future cortex along with their documented role in cell proliferation in adult tissues suggests that these molecules control this key phase of brain development.

NEURAL ACTION OF IMMUNOPHILINS

Immunophilins comprise a family of proteins including cyclophilins and FKBPs, which bind the immunosuppresive drugs cyclosporin A, FK506 and rapamycin (1). The FKBP family includes many members whose molecular masses range from 12 to 65 kD (see Table 1 in Gold, this volume), and all of which have rotamase enzymatic activity: i) FKBP12 modulates the function of calcium release channels and is associated with the TGF-α receptor and with calcineurin; ii) FKBP12.6 is also associated with cardiac calcium release channels (2); iii) FKBP25 is localized in the nucleus and complexes with nucleolin and casein kinase II (3); iv) FKBP6 is deleted in Williams syndrome (4); v) FKBP51 is expressed primarily in T-cells (5); vi) FKBP52 binds calmodulin and hsp90 in the inactive steroid hormone receptor complexes (6). Whilst most research on immunophilins and their ligands, cyclosporin A, FK506 and rapamycin, has focused on cells of the immune system, the observation that immunophilins are more abundant in the nervous system than in the immune system led to studies to identify neural functions of these molecules (7, 8). FKBP12 is colocalized with calcineurin, at a high density in cerebellum granule cells, in the hippocampus and along striatonigral pathways. Calcineurin is known to dephosphorylate nitric oxide synthase, inducing neurotransmitter release (8, 9). Intracellular calcium release can be modulated by the FKBP12/calcineurin complex which interacts with the IP3 receptors located on the endoplasmic reticulum membranes (10). Furthermore, immunophilin ligands have neurotrophic effects for numerous classes of damaged neurons (9, see also Gold, this volume).

However, little data is currently available on the possible functions of FKBPs during neuronal development. FKBP12-deficient mice have normal skeletal muscle but have severe dilated cardiomyopathy and ventricular septal defects that mimic a human congenital heart disorder and noncompaction of left ventricular myocardium. Furthermore, about 9% of the mutants exhibit exencephaly secondary to a defect in neural tube closure (11). The exencephaly phenotype in these knockout embryos, which has also been shown for genes involved in the cell cycle such as p53 (12) or Gadd45 (13), suggests that FKBP12 may be involved in the regulation of neuroblast proliferation during neural tube development.

DEVELOPMENTAL EVENTS DURING EARLY STAGES OF CORTEX DEVELOPMENT

Neocortical neurons arise in a pseudostratified epithelium of the telencephalon which forms the lining of the embryonic cerebral lateral ventricle. The soma of these proliferating telencephalon neuroblasts undergoes interkinetic nuclear migration in this ventricular zone. These founder cells generate the radial column which is the basis of the six-layered organization of mammalian cortexes (14). In rodents, these neuroblasts can divide 11 times. The duration of the cell-cycle (Tc) varies from 8 hours at the beginning of corticogenesis at embryonic day 12.5 (E12.5), to 20 hours at the end of corticogenesis (E18.5). As corticogenesis proceeds, the differential fraction increases from 0 to 100% during this 6-day period. At the beginning of corticogenesis, proliferative neuroblasts divide symmetrically giving rise to two daughter stem cells, whilst at the end of corticogenesis, the divisions are asymmetrical and result in postmitotic daughter cells. As proposed by Rakic (15), a minor increase in the length of the cell cycle or the number of cell divisions in the ventricular zone can induce a dramatic increase in the number of founder cells from which proliferative units originate. These two parameters are quantitatively different in primates with a Tc which is remarkably longer—nearly 10 times those in rodents– and with more than 20 rounds of cell division in monkeys compared to 8 cycles in mice for the same developmental period (16). Cortex surface area differs in mammals, with ratios of 1:100:1000 for rodents:macaques: humans. Surface areas are directly linked to the number of divisions of telencephalon neuroblasts (11 cell cycles in mice; 27 cell cycles in macaque primates).

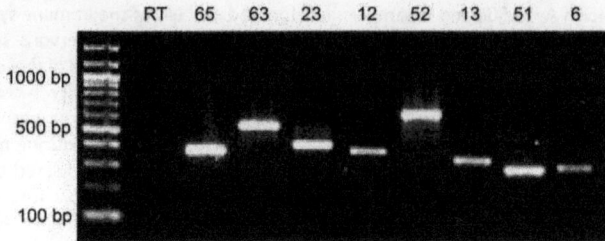

Figure 1. Expression of FKBP family in mouse E10.5 telencephalon.

This evolutionary increase in the surface area of the vertebrate cerebral cortex is thought to have played a key role in the emergence of complex intelligence. Severe abnormalities in cell proliferation mechanisms may reduce the number of postmitotic cortical neurons and generate severe neurological diseases like microcephaly in children, whereas more subtle modifications may lead to disorders such as mental retardation. These data emphasize the key importance of proliferative events of telencephalon neuroblasts during cortical development.

IDENTIFICATION OF FKBP EXPRESSION IN PROLIFERATING NEUROBLASTS OF THE TELENCEPHALON

Using RT-PCR, we found that most members of the FKBP family are expressed in the telencephalon of mouse embryos at E10.5 which corresponds to the beginning of corticogenesis (Fig. 1).

Furthermore, we developed a new strategy for isolating candidate genes for neurodevelopmental diseases. This approach combines differential cloning of genes expressed in proliferating neuroblasts based on differential display reverse transcription-polymerase chain reaction (DD RT PCR) (17); cross-species comparisons between mice and humans; mapping of human ortholog candidates; and use of mutated mouse embryonic stem (ES) cell lines to define the function of these genes (Mas *et al.*, submitted).

Differential cloning was carried out at embryonic day 10.5 of mouse development, which is equivalent to week 4 in the human embryo. It is based on the comparison of two regions of the embryonic mouse brain: telencephalon *versus* diencephalon plus mesencephalon. One of the most striking features of mammalian telencephalon development is the prolonged growth of the telencephalon relative to the other regions of the neural tube which are at a more advanced stage of differentiation. This comparison makes it possible to select genes involved in the proliferation of telencephalon neuroblasts.

DIFFERENTIAL EXPRESSION OF FKBP25 IN PROLIFERATING NEUROBLASTS OF THE TELENCEPHALON

We cloned the full length 950 bp mouse cDNA homolog of the human FKBP25 gene. Northern blot analysis showed that FKBP25 expression is developmentally regulated. We have observed three stages of mouse embryo development (E10.5, E13 and E15) where FKBP25 is transiently expressed in morphogenetically active areas. At E10.5, FKBP25 transcripts are found in proliferating neuroblasts of the telencephalon, the maxillary and mandibular arches, the cardiac anlagen, the liver and the intestine (Figs. 2 and 3). After E10.5, FKBP25 expression dramatically decreases in all these zones. New zones of expression were visualized at E15 with expression in substantia nigra, the rhombic lips from which the cerebellum originates and the developing ribs. In the developing telencephalon, FKBP25 expression is not present in all proliferating progenitors of the ventricular zone during neurogenesis but only at E10.5 stage and later in some subsets of telencephalon neuroblasts and their migrating derivatives. Changes in the subcellular localization of FKBP25 with development were studied in primary telencephalon neuroblast cultures. FKBP25 is located in the cytoplasm and the nucleoli in proliferating neuroblasts and is redistributed in the nuclei after differentiation. Together, these results suggest that FKBP25 has a key function in nucleo-cytoplasmic translocation during the first divisions of progenitors at day 10.5 of mouse embryonic development. Furthermore, its expression in proliferating neuroblasts of the telencephalon and in the cerebellum anlagen, combined with the location of the human FKBP25 gene at 19p13.3, makes the FKBP25 gene a candidate for the ataxic phenotype found in the Jittery-hesitant mouse mutant and for human Cayman-type ataxia associated with mental psychomotor retardation.

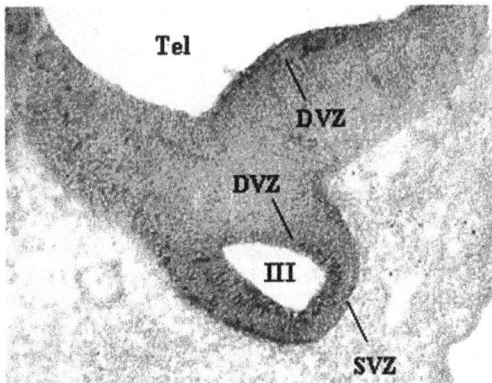

Figure 2. FKBP25 expression in the developing mouse brain at E10.5. Tel: telencephalon; III: third ventricle; DVZ: deep ventricular zone; SVZ: superficial ventricular zone.

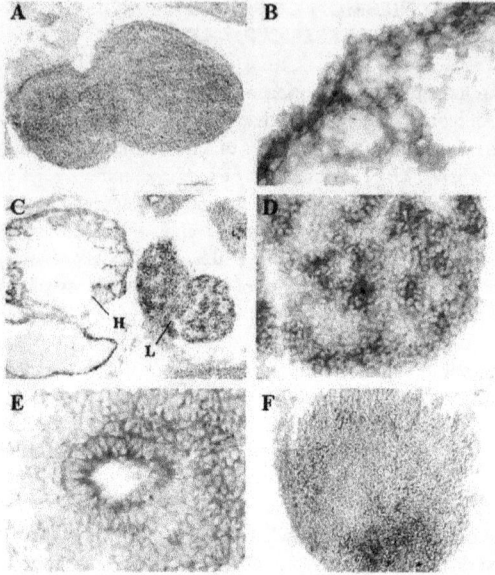

Figure 3. FKBP25 expression in morphogenetic regions of mouse embryo at E10.5. A) Mandibular arch; B) heart; C) heart (H) and liver (L); D) liver; E) intestine; F) mesencephalon.

FKBP6: A POSSIBLE CANDIDATE FOR SPATIAL COGNITIVE ABNORMALITIES IN WILLIAMS SYNDROME

Various human syndromes arising from chromosomal abnormality syndromes include specific cognitive and behavioral components. These can be instrumental in identifying the genes located on relevant chromosomal segments that contribute to such features of human cognition and behavior.

Williams syndrome (WS) is a multisystemic neurodevelopmental disorder characterized by dysmorphic facial features, cardiovascular disease, infantile hypercalcemia, growth deficiency and a unique cognitive profile (18). The disease is generally sporadic with an incidence of about 1/20,000 and consists of a microdeletion of ~1.5 Mb on one copy of chromosome 7, at 7q11.23. Up to 20 genes have been mapped in this interval including the elastin gene (ELN), a novel protein kinase (LIMK1), the replication factor C subunit 2 (RFC2), the Wnt receptor homolog of the *Drosophila* frizzled gene (FZD9), WSCR1, syntaxin1A (STX1A), GTF2I and different ESTs corresponding to unknown genes (19). Although the absence of one copy of LIMK1 has been implicated in the spatial deficit characteristic of WS (20), deletion of this gene is compatible with normal

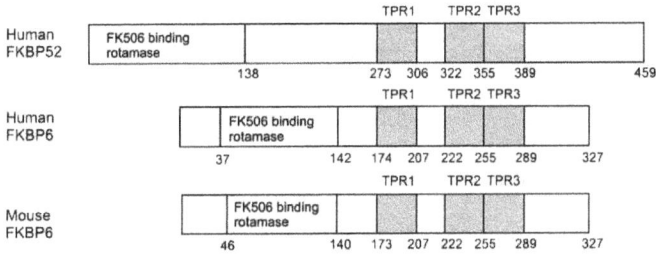

Figure 4. Schematic illustration of the common domains of human FKBP52, human and mouse FKBP6. These three proteins have three TPR domains.

function (21). A novel human gene, FKBP6, within the common WS deletion region was recently cloned by Meng et al. (4) and we have since cloned the mouse homolog (Guimiot et al., in preparation). Both the human and the mouse FKBP6 show homology to FKBP12 at the N-terminus containing a rotamase and ligand binding region. Furthermore, both mouse and human FKBP6 have three C-terminal tetratricopeptide repeat (TPR) motifs (Fig. 4). TPR is a 34-amino acid motif of variable sequence that defines a family of proteins with diverse functions including cell cycle regulation, neurogenesis, protein transport and heat shock responses (22). TPR is involved in mediating protein-protein interactions between FKBP51, FKBP52 and FKBP54 and steroid receptor complexes and with hsp90 (22). Interestingly, this gene is expressed in proliferating neuroblasts of the telencephalon at E10.5 as analyzed by RT-PCR. Northern blots indicated that FKBP6 is expressed in different adult tissues and that its level of expression varies during embryonic development. Analysis of patients with smaller deletions provided clues for the genes responsible for subsets of WS features (19, 21). From these data, the region around FZD9 and FKBP6 may be partially responsible for some cognitive features, along with some genes from the telomeric part of the WS region.

On the basis of both its expression in the proliferating telencephalon and its location in humans in the 5′-end of the WS region, one can consider FKBP6 as one of the candidate genes for impaired visual-spatial constructive cognition.

POSSIBLE FUNCTIONAL ROLE OF FKBPS IN BRAIN DEVELOPMENT

Different types of FKBPs are considered to be involved in cell-cycle progression and proliferation, such as FKBP12 which is a component of signal transduction pathways that have been conserved from yeast to man (23). They interact with TOR proteins in yeast or their mammalian homolog which have been implicated in cell growth (24, 25). Nucleolar localization of FKBP12 also suggests a function in cell growth as proposed for other nucleolus proteins (26).

Double hybrid strategies should be informative about the function of FKBPs in neuronal proliferation. Furthermore, mouse knockouts are an invaluable tool for confirmation that a candidate gene causes human cognitive or behavioral effects, as recently demonstrated for neurotransmitter receptor genes (27-29). Such approaches should allow us to define the role of the different FKBP proteins during this key period of brain formation.

ACKNOWLEDGMENTS

We thank Andrej Galat and Beatrice Chambraud for invaluable advice on FKBPs. This work was supported by INSERM, Association du Syndrome de Rett. C.M. was a fellow of Fondation France-Telecom and of Fondation pour la Recherche Médicale.

REFERENCES

1. Marks, A.R. *Cellular functions of immunophilins.* Physiol Rev 1996, 76(3): 631-49.
2. Sewell, T.J., Lam, E., Martin, M.M. et al. *Inhibition of calcineurin by a novel FK-506-binding protein.* J Biol Chem 1994, 269(33): 21094-102.
3. Jin, Y.J., Burakoff, S.J. *The 25-kDa FK506-binding protein is localized in the nucleus and associates with casein kinase II and nucleolin.* Proc Natl Acad Sci USA 1993, 90(16): 7769-73.
4. Meng, X., Lu, X., Morris, C.A., Keating, M.T. *A novel human gene FKBP6 is deleted in Williams syndrome.* Genomics 1998, 52(2): 130-7.
5. Baughman, G., Wiederrecht, G.J., Campbell, N.F., Martin, M.M., Bourgeois, S. *FKBP51, a novel T-cell-specific immunophilin capable of calcineurin inhibition.* Mol Cell Biol 1995, 15(8): 4395-402.
6. Peattie, D.A., Harding, M.W., Fleming, M.A. et al. *Expression and characterization of human FKBP52, an immunophilin that associates with the 90-kDa heat shock protein and is a component of steroid receptor complexes.* Proc Natl Acad Sci USA 1992, 89(22): 10974-8.
7. Steiner, J.P., Dawson, T.M., Fotuhi, M. et al. *High brain densities of the immunophilin FKBP colocalized with calcineurin.* Nature 1992, 358(6387): 584-7.
8. Snyder, S.H., Lai, M.M., Burnett, P.E. *Immunophilins in the nervous system.* Neuron 1998, 21(2): 283-94.
9. Snyder, S.H., Sabatini, D.M., Lai, M.M., Steiner, J.P., Hamilton, G.S., Suzdak, P.D. *Neural actions of immunophilin ligands.* Trends Pharmacol Sci 1998, 19(1): 21-6.
10. Brillantes, A.B., Ondrias, K., Scott, A. et al. *Stabilization of calcium release channel (ryanodine receptor) function by FK506-binding protein.* Cell 1994, 77(4): 513-23.
11. Shou, W., Aghdasi, B., Armstrong, D.L. et al. *Cardiac defects and altered ryanodine receptor function in mice lacking FKBP12.* Nature 1998, 391(6666): 489-92.
12. Sah, V.P., Attardi, L.D., Mulligan, G.J., Williams, B.O., Bronson, R.T., Jacks, T. *A subset of p53-deficient embryos exhibit exencephaly.* Nat Genet 1995, 10(2): 175-80.
13. Hollander, M.C., Sheikh, M.S., Bulavin, D.V. et al. *Genomic instability in Gadd45a-deficient mice.* Nat Genet 1999, 23(2): 176-84.
14. Rakic, P. *Specification of cerebral cortical areas.* Science 1988, 241(4862): 170-6.
15. Rakic, P. *A small step for the cell, a giant leap for mankind: a hypothesis of neocortical expansion during evolution.* Trends Neurosci 1995, 18(9): 383-8.
16. Kornack, D.R., Rakic, P. *Changes in cell-cycle kinetics during the development and evolution of primate neocortex.* Proc Natl Acad Sci USA 1998, 95(3): 1242-6.

17. Liang, P., Pardee, A.B. *Differential display of eukaryotic messenger RNA by means of the polymerase chain reaction.* Science 1992, 257(5072): 967-71.
18. Morris, C.A., Demsey, S.A., Leonard, C.O., Dilts, C., Blackburn, B.L. *Natural history of Williams syndrome: physical characteristics.* J Pediatr 1988, 113(2): 318-26.
19. Bellugi, U., Lichtenberger, L., Mills, D., Galaburda, A., Korenberg, J.R. *Bridging cognition, the brain and molecular genetics: evidence from Williams syndrome.* Trends Neurosci 1999, 22(5): 197-207.
20. Frangiskakis, J.M., Ewart, A.K., Morris, C.A. et al. *LIM-kinase1 hemizygosity implicated in impaired visuospatial constructive cognition.* Cell 1996, 86(1): 59-69.
21. Tassabehji, M., Metcalfe, K., Karmiloff-Smith, A. et al. *Williams syndrome: use of chromosomal microdeletions as a tool to dissect cognitive and physical phenotypes.* Am J Hum Genet 1999, 64(1): 118-25.
22. Das, A.K., Cohen, P.W., Barford, D. *The structure of the tetratricopeptide repeats of protein phosphatase 5: implications for TPR-mediated protein-protein interactions.* EMBO J 1998, 17(5): 1192-9.
23. Zheng, X.F., Florentino, D., Chen, J., Crabtree, G.R., Schreiber, S.L. *TOR kinase domains are required for two distinct functions, only one of which is inhibited by rapamycin.* Cell 1995, 82(1): 121-30.
24. Alarcon, C.M., Cardenas, M.E., Heitman, J. *Mammalian RAFT1 kinase domain provides rapamycin-sensitive TOR function in yeast.* Genes Dev 1996, 10(3): 279-88.
25. Alarcon, C.M., Heitman, J., Cardenas, M.E. *Protein kinase activity and identification of a toxic effector domain of the target of rapamycin TOR proteins in yeast.* Mol Biol Cell 1999, 10(8): 2531-46.
26. Cockell, M.M., Gasser, S.M. *The nucleolus: nucleolar space for RENT.* Curr Biol 1999, 9(15): R575-6.
27. Lipp, H.P., Wolfer, D.P. *Genetically modified mice and cognition.* Curr Opin Neurobiol 1998, 8(2): 272-80.
28. Mohn, A.R., Gainetdinov, R.R., Caron, M.G., Koller, B.H. *Mice with reduced NMDA receptor expression display behaviors related to schizophrenia.* Cell 1999, 98(4): 427-36.
29. Tang, Y.P., Shimizu, E., Dube, G.R. et al. *Genetic enhancement of learning and memory in mice.* Nature 1999, 401(6748): 63-9.

2 FKBP25, un composant du complexe FMRP, module la prolifération des neuroblastes et la croissance neuritique au cours du développment.

1) *Position du problème*

Au cours de l'évolution la capacité fonctionnelle des mammifères s'est étendue. Ce changement est en partie du à une augmentation de la prolifération des progéniteurs corticaux (281). L'épithélium pseudostratifié du télencéphale est constitué d'une seule couche cellulaire en prolifération, les cellules souches. Ces cellules se divisent, migrent et se différencient pour former les 6 couches corticales (282). Chez la souris ces cellules souches subissent 11 divisions et la durée du cycle cellulaire varie de 8 heures en début de corticogenèse (E12.5) à 20 heures en fin de corticogenèse (E18). Au début de la corticogenèse les cellules souches se divisent de façon symétrique donnant 2 cellules filles identiques puis à la fin de la corticogenèse les cellules souches adoptent un mode de division asymétrique générant plus de neurones post mitotiques. Comme proposé par Rakic (280), une augmentation mineure de la durée du cycle cellulaire ou du nombre de division au niveau de la zone ventriculaire peut engendrer une augmentation dramatique du nombre de progéniteurs. C'est ce que l'on observe entre la souris, le macaque et l'homme ou le nombre de division augmente jusqu'à 27 cycles pour le macaque et l'homme par rapport à 11 chez la souris (188). La surface du cortex diffère entre les animaux avec des ratios de 1 : 100 : 1000 pour la souris : le macaque : l'homme, d'où l'importance de cette étape de prolifération au niveau du télencéphale.

Nous avons cherché des gènes impliqués dans cette étape de prolifération en utilisant la technique de *Differential Display* RT-PCR (DD RT-PCR) (208) et comparer l'expression de gènes exprimés au niveau du télencéphale *versus* diencéphale plus mésencéphale. En effet la différenciation neuronale s'effectue selon un axe antéro-postérieur, ce qui fait que les régions postérieures par rapport au télencéphale, c'est à dire le diencéphale et le mésencéphale sont plus différenciées, alors que le télencéphale est prolifératif (51).

Par cette technique nous avons cloné le gène codant une immunophiline, Fkbp25, dont l'expression est augmentée dans le télencéphale par rapport au diencéphale plus mésencéphale. Nous avons commencé à étudier sa fonction au niveau de la corticogenèse chez la souris.

Nous avons trouvé que le gène Fkbp25 était exprimé au niveau du télencéphale, que la protéine Fkbp25 était localisée dans le noyau et le cytoplasme des cellules souches du télencéphale et de leurs dérivés postmitotiques. De plus la protéine Fkbp25 est localisée au niveau du centrosome et du fuseau mitotique au cours de la mitose. La protéine Fkbp25 est associée au complexe RNA granule FMRP aussi bien au début de la corticogenèse (E10.5) qu'au cours de la période de croissance dendritique (E15). La surexpression *in vitro* et *in vivo* du gène *Fkbp25* induit une augmentation du nombre de progéniteurs neuronaux au début de la corticogenèse et une augmentation du nombre de neurones à la fin de la corticogenèse. De plus sa surexpression dans des neurones corticaux à E15 induit une augmentation de la poussée dendritiqe.

Ces résultats suggèrent que la protéine Fkbp25 module la division cellulaire et la croissance dendritique des neurones au cours du développment.

2) *Résultats*

a) *Fkbp25 est exprimée au cours de la neurogenèse des mammifères et est associée au complexe FMRP*

Par hybridation *in situ*, nous avons montré que le gène Fkbp25 était exprimé au niveau des cellules souches du télencéphale et plus tardivement à E15 au niveau du cortex (Fig. 1A). La protéine Fkbp25 est localisée dans le noyau (sous forme d'un marquage ponctiforme) et dans le cytoplasme des cellules à ces deux stades de développement. De plus elle co-localise avec la protéine FMRP au niveau des dendrites dans les neurones à E15 (Fig. 1B, C et D). Pour savoir si la protéine Fkbp25 fait partie du complexe FMRP, nous avons immunoprécipité le complexe avec l'anticorps anti-CYFIP1, dirigé contre une protéine qui interagit directement avec FMRP (309). Nous avons ainsi confirmé la présence de la protéine Fkbp25 dans l'immunoprécipitat (Fig.1E).

b) Co-localisation de la protéine Fkbp25 et de l'appareil mitotique au cours de la mitose

Nous avons étudié la localisation de la protéine Fkbp25 par immunocytologie à l'aide d'un anticorps anti-Fkbp25 et d'un anticorps anti-tubuline polyglutamylée, décorant la tubuline du fuseau mitotique et du centrosome, en utilisant une lignée de cellules PTK1 (61). Nous avons ainsi montré que la protéine Fkbp25 était localisée au niveau du centrosome des cellules en interphase et au niveau du fuseau mitotique et de l'anneau de cytokinèse des cellules en mitose (Fig. 2).

c) La surexpression du gène Fkbp25 induit des divisions additionnelles des progéniteurs du télencéphale

Afin de tester le rôle potentiel du gène Fkbp25 dans le cycle cellulaire, nous avons étudié l'effet de sa surexpression sur les progéniteurs du télencéphale. Nous avons transfecté des cultures primaires de cellules souches du télencéphale avec un vecteur exprimant une protéine de fusion Fkbp25-GFP et un vecteur contrôle GFP. Puis par immunocytologie avec un anticorps anti-Ki-67, marqueur de prolifération (116), et un anticorps anti-βIII-Tubulin, marqueur de la différentiation neuronale (241), nous avons montré que la surexpression du gène Fkbp25 induisait une augmentation du nombre de progéniteurs du télencéphale (augmentation du nombre de cellules Ki-67 positives) par rapport au vecteur contrôle (Fig. 3).

d) Effet de la surexpression du gène Fkbp25 in vivo chez l'embryon de poulet à deux stades de développement

Pour savoir si l'effet observé sur les progéniteurs du télencéphale était reproductible *in vivo*, nous avons surexprimé le gène *Fkbp25* par électroporation chez l'embryon de poulet (122, 156, 198) à deux stades embryonnaires différents : HH8 et HH11 (Hamburger et Hamilton) (133). L'analyse de cette surexpression a été réalisée 20h après l'électroporation, c'est à dire aux stades HH13 (au début de la neurogenèse) et HH16 (en fin de neurogenèse). Après immunohistochimie avec des anticorps : anti-BrdU, pour la prolifération (213) et anti-neurofilament 3A10, marqueur de la différentiation neuronale chez le poulet (333), nous avons observé que la surexpression du gène *Fkbp25* induisait une augmentation du nombre de cellules en division au stade HH13 et une augmentation du nombre de neurones au stade HH16 par rapport au vecteur contrôle (Fig.4). Ces résultats suggèrent que les progéniteurs neuronaux soient soumis à des divisions additionnelles en début de neurogenèse et se différencient plus rapidement en neurones (par divisions asymétriques) en fin de neurogenèse.

e) Effet de la surexpression du gène Fkbp25 sur des cultures de neurones corticaux prélevés au stade E15

L'identification de l'association des protéines Fkbp25 et FMRP nous a conduit à tester l'effet de la surexpression du gène *Fkbp25* sur la poussée dendritique. Dans ce but, nous avons transfecté des cultures primaires de neurones corticaux prélevés au stade embryonnaire E15, avec un vecteur exprimant une protéine de fusion Fkbp25-GFP et un vecteur contrôle GFP. Après marquage immunohistochimique avec un anticorps anti-MAP2, marqueur des dendrites (35), nous avons observé que la surexpression du gène *Fkbp25* induisait une augmentation de la longueur des dendrites par rapport au contrôle (Fig. 5).

3) *Discussion*

Dans ce travail, nous avons montré que le gène *FKbp25* est différentiellement exprimé dans les cellules souches neuronales au cours de la prolifération ainsi que dans les neurones corticaux postmitotiques. De plus la protéine Fkbp25 est associée au complexe protéique du X fragile et se localise au niveau du centrosome et du fuseau mitotique au cours de la division cellulaire.

Au stade embryonnaire E10.5, nous avons montré que l'ARNm du gène *FKbp25* est différentiellement exprimé dans le télencéphale composé d'une unique couche de cellules souches. En revanche à des stades plus tardifs du développement cortical, en plus de sa localisation dans les cellules souches, l'ARNm du gène *Fkbp25* est aussi détecté dans les neurones de la plaque corticale. Par analyse en Northern blot, nous avons également montré un pic d'expression autour d'E11. Il est connu que la corticogenèse induit des divisions asymétriques des progéniteurs (6, 59, 91), qui sont d'abord prolifératifs et qui se différencient par la suite (52, 347). Ces divisions asymétriques, permettent de maintenir un nombre suffisant de progéniteurs au cours de la neurogenèse. Nos résultats suggèrent que la protéine FKbp25 est impliquée dans le phénomène de prolifération des cellules souches corticales.

Nous avons montré que la protéine FKbp25 est localisée dans le noyau et dans le cytoplasme pendant l'interphase. Nous supposions que la protéine était présente dans le noyau du fait de la présence d'un signal de localisation nucléaire dans sa séquence protéique. De plus, il a été suggéré que la protéine interagissait avec la nucleoline (161).

Néanmoins, un double marquage avec les anticorps anti-FKbp25 et anti-fibrillarine ne montre aucune co-localisation de FKbp25 avec les nucléoles. En effet, Leclercq et ses collaborateurs ont proposé que la protéine FKbp25 nucléaire puisse interagir avec d'autres protéines nucléaires (201). Ces partenaires protéiques pourraient être impliqués dans une fonction transcriptionnelle de FKbp25.

L'analyse immunocytologique sur les cellules PTK1 a montré que la protéine FKbp25 était localisée dans le centrosome et dans le fuseau mitotique, et une distribution similaire a été décrite concernant le gène *asp* chez la drosophile (82, 291).

Nous avons étudié la fonction de la protéine FKbp25 par deux approches différentes de surexpression. La surexpression de cette protéine est à l'origine de l'augmentation des cellules souches en prolifération *in vitro* dans le télencéphale murin à E10.5 et *in vivo* dans l'embryon de poulet électroporé au stade HH8 et analysé au stade HH13. A un stade plus tardif de neurogenèse, cette surexpression induit une augmentation du nombre de neurones.
Nous proposons un modèle dans lequel Fkbp25 agirait sur les divisions symétriques des progéniteurs neuronaux à l'inverse du mécanisme d'action des gènes *m-numb* and *numblike (nbl)* (390, 391).

La protéine (FMRP) du retard mental X fragile est abondante dans les neurones et particulièrement dans les dendrites. Cette protéine peut être impliquée dans la fonction de la plasticité synaptique (20, 160). Parmi les différentes protéines qui ont été identifiées, certaines sont des 'RNA binding proteins' (19, 21, 308, 309). Cependant, l'organisation moléculaire complexe FMRP est loin d'être caractérisée. En revanche, différents ARNm associés aux protéines FMRP ont été identifiés (39, 73, 238). Ces transcrits présents dans les RNA granules FMRP pourraient participer à la synthèse locale de protéines en réponse aux signaux synaptiques au cours du développement ou au cours du fonctionnement normal du cerveau (10). Ces données suggèrent que certains composants du RNA granule FMRP puissent modifier la croissance dendritique. L'hyperexpression de FKbp25 est cohérente avec un rôle clé de cette immunophiline dans le complexe FMRP et dans la traduction des transcrits impliqués dans la croissance dendritique.

En 2001, Richter a proposé que des mécanismes moléculaires similaires puissent être impliqués dans la division cellulaire et dans la croissance neuritique via les RNA granules qui sont localisés dans le fuseau mitotique ou dans les dendrites (288). Plusieurs de ces facteurs contrôlent la traduction induite par la polyadénylation chez les vertébrés au cours du développement et sont aussi localisés dans les dendrites (150, 349). Nos résultats confortent donc cette hypothèse.

ARTICLE 2

Fkbp25, a novel component of Fragile X mental retardation protein (FMRP) complex, modulates cell division and dendrite outgrowth during cerebral cortical neurogenesis

Fabien Guimiot, Ismahane Maloum, Malik Khelfaoui, Virginie Nepote, Pascale Gilardi-Hebenstreit, Francine Bourgeois, Béatrice Levacher, Andrzej Galat, Barbara Bardoni, Jean-Louis Mandel, Jean-Marie Moalic, Michel Simonneau

Article en préparation

Fkbp25, a novel component of Fragile X mental retardation protein (FMRP) complex, modulates cell division and dendrite outgrowth during cerebral cortical neurogenesis

Fabien Guimiot [1], Ismahane Maloum [1], Malik Khelfaoui [1], Virginie Nepote [1], Pascale Gilardi-Hebenstreit [2], Francine Bourgeois [1], Béatrice Levacher [1], Andrzej Galat [3], Barbara Bardoni [4], Jean-Louis Mandel [4], Jean-Marie Moalic [1], Michel Simonneau [1, 5]

[1] Neurogénétique INSERM E9935, Hôpital Robert Debré, 48 Boulevard Sérurier, 75019 Paris, France.
[2] INSERM U368, Ecole Normale Supérieure, 15 rue d'Ulm, 75000 Paris, France.
[3] DIEP/CEA CE-Saclay, 91191 Gif sur Yvette Cedex, France.
[4] IGBMC CNRS/INSERM/ULP 67404 Illkirch Cedex, France
[5] To whom all correspondence should be addressed at INSERM E9935, Hôpital Robert Debré, 48 Bvd Sérurier, 75019 Paris, France.
Telephone: +33 1 40 03 19 23.
Fax: +33 1 40 03 19 03
email: simoneau@infobiogen.fr

Abstract

Cerebral cortex neurons are produced and differentiated by highly regulated processes involving largely unknown molecular mechanisms. The *Fkbp25* gene encodes a member of the FK506 binding protein that is expressed in the primary sites of prenatal cerebral cortical neurogenesis. We show that Fkbp25 is associated with Fragile X mental retardation (FMRP) complex at two stages of cortical neurogenesis (E10.5; E 15). This protein localizes on centrosomes and the mitotic spindle apparatus during mitosis. Overexpression of the *Fkbp25* gene in primary cultures of telencephalon stem cells or *in vivo* chick embryo rhombencephalon electroporated at an early stage of neurogenesis led to an increase in the number of proliferating progenitors. In contrast, at a later stage of chick embryo neurogenesis, *Fkbp25* overexpression led to an increase in the number of neuronal derivatives. Furthermore, overexpression of Fkbp25 induces an increase of dendritic length in cultured mouse embryonic cortical neurons.

(The sequence data reported here have been submitted to GenBank under accession n° AF135595)

Introduction

Throughout evolution, the structure and functional capacity of the mammalian cerebral cortex have expanded together. This process is thought to have been supported by changes in the proliferation of cortical precursors (Rakic 1995b). The cerebral cortex is organized into columnar functional units (Rakic 1988) and modifications in the number of neural progenitors have been shown to have a direct effect on the number of columns and, therefore, on the surface area of the cortex (Chenn and Walsh 2002; Hanashima et al. 2002). Neocortical neurons are generated in the ventricular zone of the telencephalon, during neurogenesis. In the mouse, this process requires 11 cell cycles and occurs over a six-day period, from embryonic day 10 (E10) to E16.5 (Caviness et al. 1995; Caviness 1997). In primates, neurogenesis involves more than 27 cycles (Kornack and Rakic 1998). This difference in the number of divisions may account for the dramatic changes in neocortex surface area that have occurred during evolution, with a ratio of 1: 100: 1000 between mice, monkeys and humans, respectively (Caviness et al. 1995; Rakic 1995a). Early in neurogenesis, neural progenitors divide symmetrically and increase the pool of precursors. As corticogenesis proceeds, the G1 phase of the cell cycle becomes progressively longer, resulting in a decrease in the rate of proliferation. An increasing proportion of cells exit the cell cycle and migrate out to the cortical plate to differentiate (Takahashi et al. 1995; Lu et al. 2000). Despite the importance of these mechanisms in establishing the complexity of the future cortex, little is known about the genes regulating the production and differentiation of neural progenitors.

We searched for such genes, using the differential display RT-PCR (ddRT-PCR) technique (Liang and Pardee 1992; Liang and Pardee 1998). This method generates fingerprints of mRNA populations and can detect rare transcripts (Guimaraes et al. 1995; Shen et al. 1997; Gupta et al. 1998). At the start of neurogenesis, the telencephalon consists of a single layer of proliferating stem cells whereas regions of the embryonic brain closer to the back have already begun to differentiate (Caviness et al. 1995). Genes involved in the proliferative processes of telencephalon development can be identified by comparing mRNA from the telencephalon with mRNA from the diencephalon plus mesencephalonn which are more highly differentiated, in E10.5 mouse embryos.

With this screening method, we have identified several novel and known genes that are strongly expressed in neural progenitors (Mas et al. 2000; Bourgeois et al. 2001) and have begun to explore their function in central nervous system progenitor cell proliferation (Khelfaoui et al. 2002). One of these genes encodes a member of the immunophilin family, Fkbp25, which is known to be present in the nucleus (Jin and Burakoff 1993; Leclercq et al. 2000) but the function of which is not known. Two classes of immunophilins have been identified, based on affinity for particular immunosuppressants: FK506-binding proteins (FKBPs), which bind FK506 and rapamycin, and cyclophilins, which bind CsA (Schreiber 1991; Galat and Metcalfe 1995; Snyder et al. 1998). Both classes of immunophilin have peptidyl-prolyl isomerase (PPIase) activity (Fruman et al. 1994) but the biological role of FKBPs is not completely understood. Members of the large FKBP family are conserved in all organisms, from archebacteria to man, and recent reports indicate that they are involved in development, presumably by acting on the cell cycle (Vittorioso et al. 1998; Aghdasi et al. 2001; Breiman and Camus 2002).

We found that *Fkbp25* transcripts were present in the primary sites of telencephalon neurogenesis. The Fkbp25 protein was present in the cytoplasm and nuclei of telencephalon stem cells but exclusively in the nuclei of their postmitotic neuronal derivatives. During mitosis, *Fkbp25* is expressed in the centrosome and mitotic spindle apparatus. We found that Fkbp25 is associated with Fragile X mental retardation (FMRP) complex both at the beginning of cortical neurogenesis (E10.5) and during cortical neurite outgrowth period (E 15). We used two approaches to investigate the role of Fkbp25 in neurogenesis. First, we studied *Fkbp25* overexpression in primary cultures of telencephalon stem cells. We found that *Fkbp25* overexpression resulted in a doubling of the number of progenitors. We then analyzed the effect of overexpression *in vivo* at two stages of neurogenesis in the chick embryo. Early in neurogenesis, we observed an increase in the number of stem cells similar to that in mouse telencephalon culture. In contrast, later in neurogenesis, *Fkbp25* overexpression induced an increase in the number of neuronal derivatives. Thus, Fkbp25 promotes progenitor cell self-renewal in early cerebral cortical neurogenesis. Furthermore, transfection of mouse embryonic postmitotic cortical neurons by *Fkbp25* induces an increase of dendritic length. These results suggest that Fkbp25 modulate cortical neurogenesis both during stem cell division and during neurite development.

Material and Methods
In situ *hybridization*

In situ hybridization, using digoxigenin-labeled sense or anti-sense RNA probes, was carried out as described elsewhere (Schaeren-Wiemers and Gerfin-Moser 1993; Dauger et al. 2001).

Cell culture and transfection

Primary cultures of mouse telencephalon stem cells were carried out as previously described (Khelfaoui et al. 2002). E15 mouse telencephalic neurons were cultured as described in (de Lima et al. 1997). Neurons were enzymatically (trypsin 0.25%, DNAse) dissociated, mechanically triturated with a flamed Pasteur pipette, and plated on 35 mm dishes (8×10^5 cells per 35-mm dish) previously coated with poly-DL-ornithine (Sigma), in MEM (Invitrogen) enriched with 10% horse serum. Four hours after plating, MEM was replaced by Neurobasal® medium (Invitrogen) supplemented with 2mM glutamine and B27 (Invitrogen).

PTK1 cells were cultured as previously described (Clute and Pines 1999).

The following day, telencephalon stem cells or cortical neurons were transfected with 1 µg of GFP-Fkbp25 plasmid DNA and a control GFP vector (EGFP-C1), using Lipofectamine Reagent according to the manufacturer's instructions (InVitrogen).

Immunohistochemistry

Cells were fixed in 4% paraformaldehyde for 20 min and permeabilized in wash buffer (0.5% Triton X-100/3% BSA, in PBS). They were then incubated with the followings primary antibodies: a human anti-fibrillarin antibody (1: 200; provided by Dr Hernandez-Verdun), a polyclonal anti-Fkbp25 antibody (1: 500), a polyclonal anti-Ki-67 (1: 300, Novocastra), a monoclonal anti-β-tubulin III (Tuj-1, 1: 400, Sigma), a monoclonal glutamylated anti-tubulin antibody (1: 500, provided by Dr Denoulet), a monoclonal anti-FMRP (1: 1200, provided by Dr Bardoni) and a monoclonal anti-MAP2 (1: 200, Sigma). These antibodies were revealed with the appropriate secondary antibodies: a biotinylated anti-human antibody (1: 200, Sigma) followed by a streptavidin-FITC (fluorescein isothiocyanate) antibody (1: 500, Sigma), a cyanin 3 anti-rabbit antibody (1: 800, Sigma), a biotinylated anti-rabbit antibody (1: 500, Sigma) followed by a streptavidin-Cy3 (Cyanin 3) antibody (1: 200, Sigma), an FITC-conjugated anti-mouse antibody (1: 200, Sigma), a Texas-Red-conjugated anti-mouse antibody and a FITC-conjugated anti-rabbit antibody (1: 200, Sigma).

For chick embryos, immunohistochemical staining to detect BrdU (Amersham) and neurofilaments (3A10, 1:20, DSBH) was carried out on dissected neural tubes and 15 µm frontal cryosections, respectively. Primary antibodies, monoclonal anti-BrdU and anti-neurofilament 3A10 anitbodies were detected by incubation with a Texas-Red anti-mouse antibody and a biotinylated anti-mouse antibody (1: 200, Sigma) followed by a streptavidin-cyanin 3 antibody (1: 150, Sigma), respectively. Confocal laser scanning microscopy was performed with a TCS_4D confocal imaging system (Leica Instruments Heidelberg, Germany).

Immunoprecipitation

Mouse E10.5 telencephalon and E15 cortex were dissected, homogenized in 1 ml lysis buffer consisting of 50 mM Tris-HCl, pH 7.4, 0.1 M NaCl, 5 mM EDTA, pH 8, 1% NP40 and CIP (Complete Inhibitor protease, Roche), incubated on ice for 30 min and centrifuged to recover the supernatant. Protein G–Sepharose beads

(Pharmacia Biotech, Inc.) were washed three times with PBS and pre-incubated with a polyclonal anti-CYFIP1 (1: 75, provided by Dr Bardoni) for 2 h at 4°C. After three washes with PBS, 220µl of supernatant was pre-adsorbed with 60µl of pre-incubated protein G– Sepharose beads for 2 h at 4°C. Finally protein G–Sepharose beads were washed three times with lysis buffer, dissolved in the sample buffer for SDS-PAGE, and subjected to immunoblot analysis.

Western blotting.

Using mouse embryos at developmental stage E10.5 and E15, proteins from telencephalon were extracted with Trizol reagent according to the manufacturer's instructions (Gibco BRL). Samples (40 µg/lane) were loaded and run on a 10% SDS-polyacrylamide gel using a Bio-Rad protean II minigel apparatus. The separated proteins were transferred to nitrocellulose membrane. To remove non-specific binding, the membrane was preincubated in a solution containing Phosphate Buffered saline, pH 7.4 (PBS) and 3% (w/v) non-fat dry milk/PBS for 2 hr at room temperature. Primary incubation was performed with a rabbit polyclonal anti-FKBP25 antibody (dilution 1:1000) in PBS containing 3% Bovine serum albumin (BSA) (w/v) for 2 hr at room temperature. The membrane was subsequently rinsed three times in PBS with 0.5% Tween-20 (Sigma) and incubated with the secondary antibody-peroxidase conjugate (diluted at 1:200) for 2 hr at room temperature. After three rinses in PBS, immunostained bands were detected by the enhanced chemiluminescent method (ECL kit, Amersham corp.).

Construction of the expression vector encoding the green fluorescence protein GFP-Fkbp25 fusion protein

The mouse *Fkbp25* cDNA was fused in-frame to the C-terminus of the autofluorescent reporter protein GFP. The mouse *Fkbp25* open reading frame was amplified by PCR from a plasmid containing the full-length cDNA, using the following oligonucleotide primers, which introduced restriction enzyme sites at the 5' and 3' ends of the cDNA: 5'- GAGAGTCGACATGGCGGCGGCTGTT-3', 5'-GAGAGGATCCGTCAATGTCTACTAATTCCA CTTCAAA-3'. The resulting PCR products were inserted into appropriately restricted pEGFP-C1 (Clontech). All constructs were checked by restriction enzyme analysis and automated DNA sequencing.

In ovo electroporation

Electroporation was performed as described by Giudicelli *et al.* (2001). Commercially fertilized hens eggs were incubated, typically for 30h and 40h, up to stages HH7-HH8 and HH10-HH11, respectively, before injection. DNA was resuspended at a concentration of 1 µg/µl in H_2O, and 0.025% Fast-Green (Sigma) was added. The DNA solution was injected into the neural tube of the embryo, into the rhombencephalon, via a stretched glass capillary. A drop of L15 medium (Invitrogen) was poured onto the egg membrane and electroporation was performed with a BTX820 electroporator (Quantum) and CUY611 platinum-coated electrodes (Tr Tech), as previously described (Itasaki et al. 1999), using the following parameters: four pulses of 25 mV and 50 ms at a frequency of 1 Hz. Embryos were electroporated between stages HH7-HH8 and HH10-HH11 and collected 20 h later. They were harvested in phosphate-buffered saline (PBS) and fixed in 4% paraformaldehyde (4% PFA in PBS) for 3 h for immunochemistry.

Statistics

Student's t test (Prism 3 software, GraphPad Software Incorporated, USA) was used for all pairwise comparisons.

Results

Fkbp25 is expressed during mammalian neurogenesis and is associated to FMRP complex

(Figure 1)

Using *in situ* hybridization, we found that Fkbp25 is expressed at E10.5 in proliferating progenitors (Fig.1A). At later stages of embryonic cortex development, *Fkbp25* transcripts were detected in both the ventricular proliferative zone and the cortical plate, as shown for E15 (Fig. 1A). *Fkbp25* expression appears to be transient in mouse cortical development, with no expression detected at later stages of neurogenesis or postnatal stages.

We used a polyclonal anti-Fkbp25 antibody that recognizes a single band on western blots of E10.5 and E15 mouse embryo telencephalon cells (Fig. 1D) to study the subcellular distribution of Fkbp25. The Fkbp25 protein contains a putative nuclear localization signal $KK(X)_7KK(X)_{26}KKKK$ (amino acids 117 to 157) found in a variety of nuclear proteins (Robbins et al. 1991). In stem cells cultured for six hours (Khelfaoui et al. 2002), Fkbp25 staining predominated in the cytoplasm and nuclei, in which the staining was speckled in appearance (Fig. 1B). The nuclear staining observed for Fkbp25 was not nucleolar, as demonstrated by the absence of colocalization with fibrillarin, a specific nucleolar protein (Fomproix et al. 1998) (Fig. 1B2 and 1B3). Using E.15 cortical neurons maintained in culture for 24 hours, we found a co-localization of FKBP25 and FMRP in dendrites (Fig. 1C). We took advantage of CYFIP1 antibodies which are able to immunoprecipitate all known proteins of the FMRP complex (Schenck et al. 2001). With these antibodies, we detected FKBP25 in the immunoprecipitates both at E10.5 and at E15 (Fig. 1E). We also identified CYFIP1 in the immunoprecipate as a control (data not shown).

Fkbp25 protein colocalizes with the mitotic apparatus during cell division

(Figure 2)

We next investigated the subcellular distribution of Fkbp25 during the cell cycle, using PTK1 cells (Clute and Pines 1999) (Fig. 2). At interphase, we observed more intense immunofluorescent staining in nuclei, in which the staining was punctate, and in centrosomes. Centrosome localization was confirmed by double immunostaining, using anti-Fkbp25 and anti-polyglutamylated tubulin antibodies (Wolff et al. 1992). Faint diffuse staining was also found in the cytoplasm. During cell division, Fkbp25 colocalized with the mitotic apparatus (mitotic spindle in metaphase and anaphase and cytokinesis annulus in telophase). The presence of Fkbp25 in the mitotic spindle during mitosis and at various sites within the cell during differentiation suggest that this protein is involved in the centrosome apparatus, a structure known to be involved in cell cycle progression, cytokinesis and neuron nuclear movement (Doxsey 2001; Feng and Walsh 2001).

Fkbp25 overexpression induces extra divisions of telencephalon progenitors

(Figure 3)

We investigated the function of Fkbp25 further by studying the effects of *Fkbp25* overexpression in the *in vitro* telencephalon stem cell culture model (Khelfaoui et al. 2002). Primary cultures were stained for proliferation with Ki-67 antibody (Gerlach et al. 1997) and for differentiation with Tuj-1 antibody (Moody et al. 1996). We followed stem cell proliferation, using Ki-67 as a proliferation marker. Cells were transfected with a plasmid encoding the GFP-Fkbp25 fusion protein and a control GFP plasmid at 24 hours of culture and analyzed at 72 hours of culture (Fig. 3A). Cells positive for both GFP (in green) and Ki-67 or Tuj-1 (in red) were identified (Fig. 3B). After 72 hours of culture, $26.35 \pm 4.5\%$ of cells were immunoreative for Ki-67 and $72.67 \pm 3.1\%$ of cells were immunoreactive for Tuj-1, a marker of neuronal differentiation. These results are consistent with those reported in a previous study (Khelfaoui et al. 2002). For transfected cells, we found that the percentage of Ki-67 + / GFP + cells had increased significantly after 72 hours of culture ($10.3 \pm 2.7\%$ for control versus $27.0 \pm 4.4\%$ for GFP-Fkbp25) whereas the percentage of Tuj-1 [+] / GFP [+] cells had decreased significantly ($28.7 \pm 6.7\%$ for control versus $3.2 \pm 2.2\%$ for GFP-Fkbp25) (Fig. 3C). These results demonstrate that *Fkbp25* overexpression increase the number of neuronal precursors at 72 hours of culture and suggest that this overexpression induces extra rounds of progenitor cell division.

In vivo Fkbp25 overexpresion at two different stages of chick embryo neuronal development

(Figure 4)

We studied *Fkbp25* overexpression *in vivo* at various stages in neuronal development, by chick embryo electroporation (Itasaki et al. 1999; Giudicelli et al. 2001; Lamar et al. 2001). We selected two different stages of rhombencephalon development, Hamburger-Hamilton (HH) (Hamburger and Hamilton 1951) stages 13 and 16, corresponding to early and late phases of neurogenesis (Sechrist and Bronner-Fraser 1991), respectively, for studies of the effects of *Fkbp25* overexpression. Chick embryo brains were stained for proliferation with BrdU (in red Fig. 4A) and for differentiation with an antibody against chick neurofilament (3A10, in red Fig. 4B). We electroporated embryos at HH8 and analyzed cells 20 hours after electroporation, at a stage estimated to be HH13. The number of BrdU-positive cells was higher in chick embryos transfected with the *Fkbp25* vector than in those transfected with control vector (10.08 $\pm$ 0.7% for GFP-Fkbp25 versus 7.39 $\pm$ 1.0 % for control) (Fig. 4C). Thus, *Fkbp25* overexpression increases the number of progenitors still proliferating at stage HH13. At this stage, few transfected cells were stained with the 3A10 antibody (0.43 $\pm$ 0.29% for GFP-Fkbp25 versus 0.67 $\pm$ 0.33% for control). This low level of differentiation at a developmental stage estimated to be HH13 is similar to that reported from *in vivo* studies (Sechrist and Bronner-Fraser 1991). In a second experiment, we electroporated embryos at HH11 and analyzed cells 20 hours after electroporation, at a stage estimated to be HH16. The number of 3A10-positive cells was higher (9.1 $\pm$ 1.35% for GFP-Fkbp25 versus 1.92. $\pm$ 0.57% for control) and the number of BrdU-positive cells was lower (1.67 $\pm$ 0.67% for GFP-Fkbp25 versus 5.97 $\pm$ 1.25% for control) following electroporation with the GFP-Fkbp25 construct than following electroporation with the control construct (Fig. 4D). Thus Fkbp25 causes an increase in neuronal cell formation without increasing progenitor proliferation. Altogether, these results indicate that the effects of Fkbp25 on neuronal progenitors differ according to the stage of neurogenesis.

Effect of *Fkbp25* overexpression on dendritic extension of cultured embryonic cortical neurons

(Figure 5)

Identification of Fkbp25 in the FMRP complex and co-localization in dendrites suggest that Fkbp25 might have a role in dendritic extension. To get insight into such a possible function, we tested if *Fkbp25* overexpression is able to promote dendritic extension *in vitro*. We transfected embryonic (E15) cortical neuron cultures with Fkbp25-GFP construct and compared with neurons transfected with a GFP control vector (Fig. 5A). Cortical neurons were stained with a monoclonal anti-MAP2 antibody in order to detect dendrites of embryonic cortical neurons. We first compared the length of longest dendrite of the Fkbp25 and control transfected neurons with that of untransfected neurons from the same fields (Fig. 5B). This measurement was based on the MAP2 staining and indicated that control transfected cells have a smaller but not significantly dendritic development compared with untransfected neurons (53.8 μm ± 4.2 for untransfected cells; 43.2 μm ± 6.0 for control transfected cells; n=30) (Fig. 5B).This result may be explain on the basis that transfected cells are mainly divising stem cells in the culture which would have a delay in differentiation compared to postmitotic neurons of the culture. However, the length of longest dendrite in Fkbp25 transfected cells is significant increased compared with control-transfected cells (61.5 μm ± 6.2 for untransfected cells; 112.2 μm ± 23.7 for Fkbp25 transfected cells; n=30). Measurements on GFP fluorescence gave similar significant results (48.5 μm ± 7.7 for control and 193.5 μm ± 35.1 for Fkbp25; n=30) (Fig. 5C).

Discussion

In this report, we provide evidence that *Fkbp25* is differentially expressed in proliferating neuronal stem cells and in postmitotic cortical neurons during cortical neurogenesis. This protein is associated with the Fragile X protein complex and localizes in the centrosome and mitotic apparatus during cell division. This pattern of expression, these molecular associations and subcellular colocalization led us to study the possible involvement of Fkbp25 in progenitor cell maintenance and neurite outgrowth. These both processes have been hypothetized to depend on local translation (Richter 2001). We overexpressed *Fkbp25* by both *in vitro* transfection of mouse neuronal progenitors isolated on E10.5 and *in vivo* chick embryo rhombencephalon electroporation. The overexpression of *Fkbp25* at early stages of neurogenesis led to an increase in the number of neuronal progenitors. At late stages of neurogenesis, Fkbp25 overexpression increases the number of neuronal derivatives and the dendritic length.

Fkbp25 as a marker of neuroepithelial progenitor cells

On E10.5, *Fkbp25* mRNA was differentially expressed in the pseudo-stratified epithelium, which is composed exclusively of stem cells. At later stages of cortical development, *Fkbp25* mRNA was detected both in the stem cells of the ventricular zone and, to a lesser extent, in the postmitotic neurons forming the cortical plate. Our northern blot results indicate that *Fkbp25* expression peaks around E11. Cerebral cortical neurogenesis is known to involve asymmetric divisions of progenitors (Chenn and McConnell 1995; Edlund and Jessell 1999; Anderson 2001), which are mainly proliferative at first and later become associated primarily with differentiation (Takahashi et al. 1995; Caviness 1997). These asymmetric divisions make it possible to increase the pool of progenitors in the earlier phases and to maintain sufficient numbers of progenitors throughout neurogenesis. Thus, our data suggest that *Fkbp25* is involved in the proliferating phenotype of early cortical progenitors. Furthermore, *Fkbp25* mRNA was also specifically produced during the two proliferative waves of cerebellum development, which occur before birth, during formation of the cerebellum anlagen, and after birth, during granule cell proliferation (Hatten 1999; Wang and Zoghbi 2001). These events involve a considerable number of cell divisions, as massive expansion of granule precursor cells generates some 10^8 mature granule cells (Wang and Zoghbi 2001). These data are consistent with a possible function of Fkbp25 in the proliferation of neuronal progenitors.

Fkbp25 as a centrosome and mitotic apparatus protein associated with FMRP complex

We found that Fkbp25 protein is localized mainly in the nucleus (in which staining was speckled) and cytoplasm during interphase. We expected the protein to be present in the nucleus as it contains a nuclear localization signal. It has been suggested that Fkbp25 protein interacts with nucleolin (Jin and Burakoff 1993). However, Fkbp25 does not colocalize with nucleoli, as shown by double immunostaining with anti-Fkbp25 and anti-fibrillarin antibodies. Nuclear Fkbp25 may interact with other nuclear proteins, as shown for high-mobility group (HMG) II proteins (Leclercq et al. 2000), histone deacetylase and YY1 DNA-binding protein (Yang et al. 2001). These potential partner proteins may be involved in a transcriptional function of Fkpb25. Immunohistochemical studies of cells in mitosis identified a novel subcellular site of Fkbp25 protein. Fkbp25 appears to be present in the centrosome and mitotic spindle apparatus. A similar subcellular distribution has been reported for the abnormal spindle (*asp*) gene in *Drosophila* (Ripoll et al. 1985; do Carmo Avides and Glover 1999), the human ortholog of which, ASPM, has been shown to be mutated in primary microcephaly (Bond et al. 2002). Primary microcephaly is characterized by a decrease in the number of cerebral cortical neurons (Bond et al. 2002). These observations suggest that proteins located in the mitotic spindle and produced early in neurogenesis are potential candidates for the control of brain size.

Fkbp25 is an immunophilin with a *bona fide* peptidyl-prolyl *cis/trans* isomerase (PPIase) function, catalyzing rotation about the peptide bond preceding proline (Galat et al. 1992; Jin et al. 1992). Three classes of PPIases — immunophilins, cyclophilins and parvulins — have been shown to regulate mitosis by interacting with specific proteins. FKBP12 promotes cell division by binding to TGF-beta receptors and inactivating the TGF-beta anti-proliferative signal transduction pathway (Wang et al. 1996; Aghdasi et al. 2001). *Arabidopsis* Pas1 regulates cell division by interacting with cytokinin (Faure et al. 1998). Cyclophilin *ninaA* haploinsufficiency induces a decrease in the number of retinal cells, leading to vision defects

(Shieh et al. 1989). The parvulin Pin1 has been shown to be essential for the regulation of mitosis in human cells, by interacting with Nima protein (Lu et al. 1996). Thus, Fkbp25 may change the conformation of specific proteins of the centrosome and/or mitotic spindle apparatus, resulting in changes in the functioning of the complex mitotic machinery.

Immunoprecipations experiments indicated that Fkbp25 is part of FMRP complex at two stages of cortical development. Fkbp25 was found in the complex at E10.5 where only cortical stem cells are present and at E 15 where both Fkbp25 is expressed in both cortical stem cells and in cortical postmitotic neurons. These data suggest that FMRP complexes are involved in both stem cell division and dendritic outgrowth of postmitotic neuron, as suggested by Richter (2001).

Fkbp25 is involved in progenitor cell maintenance

We investigated Fkbp25 protein function by two different overexpression approaches. Overproduction of this protein increased the percentage of proliferating progenitors both *in vitro* in mouse telencephalon E10 progenitor cells and *in vivo* in chick embryos electroporated at HH stage 8 and analyzed at HH stage 13. Neurogenesis involves asymmetric divisions, but the ratio of progenitor daughter cells to differentiated (postmitotic neurons) daughter cells is not 50 %, as expected for a strict asymmetric cell division process (Takahashi et al. 1995; Caviness 1997). The ratio varies from 100% for the first cell divisions to 0 % for the last (11th) division. Fkbp25 may be a key protein and its production during the earlier progenitor cell divisions may promote the self-renewal of progenitors, by increasing the probability of generating two similar daughter cells (in this case two cycling progenitors) in the first asymmetric divisions. In contrast, later in chick embryo neurogenesis, overproduction of this protein increased the number of neuronal derivatives and decreased the number of BrdU [+] cells.

These findings provide a framework for considering Fkbp25 in the general process of neural specification. One of the major pathways governing cell fate determination during neurogenesis involves *m-*

numb and *numblike (nbl)*, the mammalian orthologs of Drosophila *numb* (Rhyu et al. 1994), that have been shown to antagonize Notch signaling in both Drosophilia and vertebrates (Cayouette and Raff 2002; Petersen et al. 2002; Zhong 2003). Interestingly, it was recently proposed from the analysis of *m-numb* and *nbl* knockout (Petersen et al. 2002), and by using a clonal culture system from telencephalon progenitor cells (Qian et al. 2000), that m-Numb and Numblike proteins favor asymmetrical cell-fate decisions between two fate options predetermined by instructive signals (Shen et al. 2002; Zhong 2003). From the results presented in this study, it is tempting to speculate that Fkbp25 acts in an opposite manner, favoring symmetrical cell-fate decisions.

We propose a simple model of Fkbp25 action during neurogenesis. Asymmetric cell division process is expected to give 50% of progenitor daughter cells and 50 % of differentiated (postmitotic neurons) daughter cells. High levels of Fkbp25 protein allow progenitors in the first few rounds of division to divide such that they generate two similar daughter cells: progenitor cells. At late stages of neurogenesis, Fkbp25 continues to favor divisions giving rise to similar daughter cells, but in this case the daughter cells are neuronal derivatives. Such a mechanism would account for the deviation from 50 % of the probability of a daughter cell being a neuron, during neurogenesis (Takahashi et al. 1995; Caviness 1997). Our findings provide the first evidence that Fkbp25, a novel component of the centrosome and mitotic apparatus, may be a key molecule for the self-renewal of cerebral cortical progenitor cells during neurogenesis.

Fkbp25 modulation of cortical dendrite outgrowth

Fragile X mental retardation (FMRP) is abundant in neurons in particular in dendrites where this protein may be involved in local dendritic protein synaptic, related to synaptic function and plasticity expression (Jin and Warren 2000; Bardoni and Mandel 2002). Different associated proteins have been identified (Bardoni et al. 1999; Bardoni et al. 2000; Schenck et al. 2001; Schenck et al. 2003) but none of them have a fully characterized function in the FMRP complex. However, several messenger RNAs associated to FMRPs have been identified both from mouse *Fmr1* knockout models and from lymphoblastoid cell lines of Xfragile patients (Brown et al. 2001; Darnell et al. 2001; Miyashiro et al. 2003). These subsets of transcripts found in these FMRP RNA granules may participate in local protein synthesis in response to synaptic signals either during development or during normal functioning of the brain (Antar and Bassell 2003). These data suggest that some components of the FMRP granule can be able to modify dendrite outgrowth. The overexpression of *Fkbp25* is consistent with a key role of this immunophilin in the FMRP-RNA granule, by favoring translation of transcripts involved in dendrite outgrowth.

A common regulation of mitotic spindle and dendrite outgrowth
As suggested by J. Richter (2001), similar molecular mechanisms may be involved in both cell division and neuritic outgrowth *via* RNA granules localized in mitotic spindle or in dendrites. Several of the factors known to control polyadenylation-induced translation in early vertebrate development [cytoplasmic polyadenylation element-binding protein (CPEB), maskin, poly(A) polymerase, cleavage and polyadenylation specificity factor (CPSF) and Aurora] also reside in dendrites of neurons (Huang et al. 2002; Tay et al. 2003). Our results are consistent with this hypothesis. Further identification of Fkbp25 targets might provide knowledge about the molecular mechanism involved in these regulations of stem cell mitotic spindle and dendritic outgrowth during corticogenesis.

Acknowledgments
We would like to thank Gérard Géraud, *Service Imagerie, Institut Jacques Monod*, for confocal microscopy analysis. We thank Dr Danièle Hernandez-Verdun, *Institut Jacques Monod*, and Dr Philippe Denoulet, *Université Paris VI*, for providing the antibody against fibrillarin and a monoclonal antibody against polyglutamylated tubulin, GT335, respectively. We also thank Drs Ned Lamb & Anne Fernandez-Person, *Institut de Génétique Humaine*, Montpellier for microinjection experiments with anti-Fkbp25 antibody and invaluable

advice. This work was partly supported by INSERM and *Fondation Jérôme Lejeune*. M. K. was supported by a *Société des Amis des Sciences* postdoctoral fellowship.

References

Aghdasi, B., K. Ye, A. Resnick, A. Huang, H.C. Ha, X. Guo, T.M. Dawson, V.L. Dawson, and S.H. Snyder. 2001. FKBP12, the 12-kDa FK506-binding protein, is a physiologic regulator of the cell cycle. *Proc Natl Acad Sci U S A* 98: 2425-30.

Anderson, D.J. 2001. Stem cells and pattern formation in the nervous system: the possible versus the actual. *Neuron* 30: 19-35.

Antar, L.N. and G.J. Bassell. 2003. Sunrise at the synapse: the FMRP mRNP shaping the synaptic interface. *Neuron* 37: 555-8.

Bardoni, B., S. Giglio, A. Schenck, M. Rocchi, and J.L. Mandel. 2000. Assignment of NUFIP1 (nuclear FMRP interacting protein 1) gene to chromosome 13q14 and assignment of a pseudogene to chromosome 6q12. *Cytogenet Cell Genet* 89: 11-3.

Bardoni, B. and J.L. Mandel. 2002. Advances in understanding of fragile X pathogenesis and FMRP function, and in identification of X linked mental retardation genes. *Curr Opin Genet Dev* 12: 284-93.

Bardoni, B., A. Schenck, and J.L. Mandel. 1999. A novel RNA-binding nuclear protein that interacts with the fragile X mental retardation (FMR1) protein. *Hum Mol Genet* 8: 2557-66.

Bond, J., E. Roberts, G.H. Mochida, D.J. Hampshire, S. Scott, J.M. Askham, K. Springell, M. Mahadevan, Y.J. Crow, A.F. Markham, C.A. Walsh, and C.G. Woods. 2002. ASPM is a major determinant of cerebral cortical size. *Nat Genet* 32: 316-20.

Bourgeois, F., F. Guimiot, C. Mas, A. Bulfone, B. Levacher, J.M. Moalic, and M. Simonneau. 2001. Identification and isolation of a full-length clone of mouse GMFB (Gmfb), a putative intracellular kinase regulator, differentially expressed in telencephalon. *Cytogenet Cell Genet* 92: 304-9.

Breiman, A. and I. Camus. 2002. The involvement of mammalian and plant FK506-binding proteins (FKBPs) in development. *Transgenic Res* 11: 321-35.

Brown, V., P. Jin, S. Ceman, J.C. Darnell, W.T. O'Donnell, S.A. Tenenbaum, X. Jin, Y. Feng, K.D. Wilkinson, J.D. Keene, R.B. Darnell, and S.T. Warren. 2001. Microarray identification of FMRP-associated brain mRNAs and altered mRNA translational profiles in fragile X syndrome. *Cell* 107: 477-87.

Caviness, V.S., Jr., T. Takahashi, and R.S. Nowakowski. 1995. Numbers, time and neocortical neuronogenesis: a general developmental and evolutionary model. *Trends Neurosci* 18: 379-83.

Caviness, V.S., Takahashi, T., Nowakowski, R.S. 1997. Cell proliferation in cortical development. In *Normal and Abnormal Development of the Cortex* (ed. Y.C. A.M. Galaburda), pp. 1-24. Springer-Verlag, Berlin.

Cayouette, M. and M. Raff. 2002. Asymmetric segregation of Numb: a mechanism for neural specification from Drosophila to mammals. *Nat Neurosci* 5: 1265-9.

Chenn, A. and S.K. McConnell. 1995. Cleavage orientation and the asymmetric inheritance of Notch1 immunoreactivity in mammalian neurogenesis. *Cell* 82: 631-41.

Chenn, A. and C.A. Walsh. 2002. Regulation of cerebral cortical size by control of cell cycle exit in neural precursors. *Science* 297: 365-9.

Clute, P. and J. Pines. 1999. Temporal and spatial control of cyclin B1 destruction in metaphase. *Nat Cell Biol* 1: 82-7.

Darnell, J.C., K.B. Jensen, P. Jin, V. Brown, S.T. Warren, and R.B. Darnell. 2001. Fragile X mental retardation protein targets G quartet mRNAs important for neuronal function. *Cell* 107: 489-99.

Dauger, S., F. Guimiot, S. Renolleau, B. Levacher, B. Boda, C. Mas, V. Nepote, M. Simonneau, C. Gaultier, and J. Gallego. 2001. MASH-1/RET pathway involvement in development of brain stem control of respiratory frequency in newborn mice. *Physiol Genomics* 7: 149-57.

de Lima, A.D., M.D. Merten, and T. Voigt. 1997. Neuritic differentiation and synaptogenesis in serum-free neuronal cultures of the rat cerebral cortex. *J Comp Neurol* 382: 230-46.

do Carmo Avides, M. and D.M. Glover. 1999. Abnormal spindle protein, Asp, and the integrity of mitotic centrosomal microtubule organizing centers. *Science* 283: 1733-5.

Doxsey, S. 2001. Re-evaluating centrosome function. *Nat Rev Mol Cell Biol* 2: 688-98.

Edlund, T. and T.M. Jessell. 1999. Progression from extrinsic to intrinsic signaling in cell fate specification: a view from the nervous system. *Cell* 96: 211-24.

Faure, J.D., P. Vittorioso, V. Santoni, V. Fraisier, E. Prinsen, I. Barlier, H. Van Onckelen, M. Caboche, and C. Bellini. 1998. The PASTICCINO genes of Arabidopsis thaliana are involved in the control of cell division and differentiation. *Development* 125: 909-18.

Feng, Y. and C.A. Walsh. 2001. Protein-protein interactions, cytoskeletal regulation and neuronal migration. *Nat Rev Neurosci* 2: 408-16.

Fomproix, N., J. Gebrane-Younes, and D. Hernandez-Verdun. 1998. Effects of anti-fibrillarin antibodies on building of functional nucleoli at the end of mitosis. *J Cell Sci*: 359-72.

Fruman, D.A., S.J. Burakoff, and B.E. Bierer. 1994. Immunophilins in protein folding and immunosuppression. *Faseb J* 8: 391-400.

Galat, A., W.S. Lane, R.F. Standaert, and S.L. Schreiber. 1992. A rapamycin-selective 25-kDa immunophilin. *Biochemistry* 31: 2427-34.

Galat, A. and S.M. Metcalfe. 1995. Peptidylproline cis/trans isomerases. *Prog Biophys Mol Biol* 63: 67-118.

Gerlach, C., M. Golding, L. Larue, M.R. Alison, and J. Gerdes. 1997. Ki-67 immunoexpression is a robust marker of proliferative cells in the rat. *Lab Invest* 77: 697-8.

Giudicelli, F., E. Taillebourg, P. Charnay, and P. Gilardi-Hebenstreit. 2001. Krox-20 patterns the hindbrain through both cell-autonomous and non cell-autonomous mechanisms. *Genes Dev* 15: 567-80.

Guimaraes, M.J., J.F. Bazan, A. Zlotnik, M.V. Wiles, J.C. Grimaldi, F. Lee, and T. McClanahan. 1995. A new approach to the study of haematopoietic development in the yolk sac and embryoid bodies. *Development* 121: 3335-46.

Gupta, R., P. Thomas, R.S. Beddington, and P.W. Rigby. 1998. Isolation of developmentally regulated genes by differential display screening of cDNA libraries. *Nucleic Acids Res* 26: 4538-9.

Hamburger, V. and H.L. Hamilton. 1951. A series of normal stages in the development of the chick embryo. *J. Morph.* 88: 49-92.

Hanashima, C., L. Shen, S.C. Li, and E. Lai. 2002. Brain factor-1 controls the proliferation and differentiation of neocortical progenitor cells through independent mechanisms. *J Neurosci* 22: 6526-36.

Hatten, M.E. 1999. Central nervous system neuronal migration. *Annu Rev Neurosci* 22: 511-39.

Huang, Y.S., M.Y. Jung, M. Sarkissian, and J.D. Richter. 2002. N-methyl-D-aspartate receptor signaling results in Aurora kinase-catalyzed CPEB phosphorylation and alpha CaMKII mRNA polyadenylation at synapses. *Embo J* 21: 2139-48.

Itasaki, N., S. Bel-Vialar, and R. Krumlauf. 1999. 'Shocking' developments in chick embryology: electroporation and in ovo gene expression. *Nat Cell Biol* 1: E203-7.

Jin, P. and S.T. Warren. 2000. Understanding the molecular basis of fragile X syndrome. *Hum Mol Genet* 9: 901-8.

Jin, Y.J. and S.J. Burakoff. 1993. The 25-kDa FK506-binding protein is localized in the nucleus and associates with casein kinase II and nucleolin. *Proc Natl Acad Sci U S A* 90: 7769-73.

Jin, Y.J., S.J. Burakoff, and B.E. Bierer. 1992. Molecular cloning of a 25-kDa high affinity rapamycin binding protein, FKBP25. *J Biol Chem* 267: 10942-5.

Khelfaoui, M., F. Guimiot, and M. Simonneau. 2002. Early neuronal and glial determination from mouse E10.5 telencephalon embryonic stem cells: an in vitro study. *Neuroreport* 13: 1209-14.

Kornack, D.R. and P. Rakic. 1998. Changes in cell-cycle kinetics during the development and evolution of primate neocortex. *Proc Natl Acad Sci U S A* 95: 1242-6.

Lamar, E., C. Kintner, and M. Goulding. 2001. Identification of NKL, a novel Gli-Kruppel zinc-finger protein that promotes neuronal differentiation. *Development* 128: 1335-46.

Leclercq, M., F. Vinci, and A. Galat. 2000. Mammalian FKBP-25 and its associated proteins. *Arch Biochem Biophys* 380: 20-8.

Liang, P. and A.B. Pardee. 1992. Differential display of eukaryotic messenger RNA by means of the polymerase chain reaction. *Science* 257: 967-71.

-. 1998. Differential display. A general protocol. *Mol Biotechnol* 10: 261-7.

Lu, B., L. Jan, and Y.N. Jan. 2000. Control of cell divisions in the nervous system: symmetry and asymmetry. *Annu Rev Neurosci* 23: 531-56.

Lu, K.P., S.D. Hanes, and T. Hunter. 1996. A human peptidyl-prolyl isomerase essential for regulation of mitosis. *Nature* 380: 544-7.

Mas, C., F. Bourgeois, A. Bulfone, B. Levacher, C. Mugnier, and M. Simonneau. 2000. Cloning and expression analysis of a novel gene, RP42, mapping to an autism susceptibility locus on 6q16. *Genomics* 65: 70-4.

Miyashiro, K.Y., A. Beckel-Mitchener, T.P. Purk, K.G. Becker, T. Barret, L. Liu, S. Carbonetto, I.J. Weiler, W.T. Greenough, and J. Eberwine. 2003. RNA cargoes associating with FMRP reveal deficits in cellular functioning in Fmr1 null mice. *Neuron* 37: 417-31.

Moody, S.A., V. Miller, A. Spanos, and A. Frankfurter. 1996. Developmental expression of a neuron-specific beta-tubulin in frog (Xenopus laevis): a marker for growing axons during the embryonic period. *J Comp Neurol* 364: 219-30.

Petersen, P.H., K. Zou, J.K. Hwang, Y.N. Jan, and W. Zhong. 2002. Progenitor cell maintenance requires numb and numblike during mouse neurogenesis. *Nature* 419: 929-34.

Qian, X., Q. Shen, S.K. Goderie, W. He, A. Capela, A.A. Davis, and S. Temple. 2000. Timing of CNS cell generation: a programmed sequence of neuron and glial cell production from isolated murine cortical stem cells. *Neuron* 28: 69-80.

Rakic, P. 1988. Specification of cerebral cortical areas. *Science* 241: 170-6.

-. 1995a. Corticogenesis in Human and Nonhuman Primates. In *The cognitive neurosciences* (ed. M.S. Gazzaniga), pp. 127-145. The MIT Press, Cambridge.

-. 1995b. A small step for the cell, a giant leap for mankind: a hypothesis of neocortical expansion during evolution. *Trends Neurosci* 18: 383-8.

Rhyu, M.S., L.Y. Jan, and Y.N. Jan. 1994. Asymmetric distribution of numb protein during division of the sensory organ precursor cell confers distinct fates to daughter cells. *Cell* 76: 477-91.

Richter, J.D. 2001. Think globally, translate locally: what mitotic spindles and neuronal synapses have in common. *Proc Natl Acad Sci U S A* 98: 7069-71.

Ripoll, P., S. Pimpinelli, M.M. Valdivia, and J. Avila. 1985. A cell division mutant of Drosophila with a functionally abnormal spindle. *Cell* 41: 907-12.

Robbins, J., S.M. Dilworth, R.A. Laskey, and C. Dingwall. 1991. Two interdependent basic domains in nucleoplasmin nuclear targeting sequence: identification of a class of bipartite nuclear targeting sequence. *Cell* 64: 615-23.

Schaeren-Wiemers, N. and A. Gerfin-Moser. 1993. A single protocol to detect transcripts of various types and expression levels in neural tissue and cultured cells: in situ hybridization using digoxigenin-labelled cRNA probes. *Histochemistry* 100: 431-40.

Schenck, A., B. Bardoni, C. Langmann, N. Harden, J.L. Mandel, and A. Giangrande. 2003. CYFIP/Sra-1 controls neuronal connectivity in Drosophila and links the Rac1 GTPase pathway to the fragile X protein. *Neuron* 38: 887-98.

Schenck, A., B. Bardoni, A. Moro, C. Bagni, and J.L. Mandel. 2001. A highly conserved protein family interacting with the fragile X mental retardation protein (FMRP) and displaying selective interactions with FMRP-related proteins FXR1P and FXR2P. *Proc Natl Acad Sci U S A* 98: 8844-9.

Schreiber, S.L. 1991. Chemistry and biology of the immunophilins and their immunosuppressive ligands. *Science* 251: 283-7.

Sechrist, J. and M. Bronner-Fraser. 1991. Birth and differentiation of reticular neurons in the chick hindbrain: ontogeny of the first neuronal population. *Neuron* 7: 947-63.

Shen, M.M., H. Wang, and P. Leder. 1997. A differential display strategy identifies Cryptic, a novel EGF-related gene expressed in the axial and lateral mesoderm during mouse gastrulation. *Development* 124: 429-42.

Shen, Q., W. Zhong, Y.N. Jan, and S. Temple. 2002. Asymmetric Numb distribution is critical for asymmetric cell division of mouse cerebral cortical stem cells and neuroblasts. *Development* 129: 4843-53.

Shieh, B.H., M.A. Stamnes, S. Seavello, G.L. Harris, and C.S. Zuker. 1989. The ninaA gene required for visual transduction in Drosophila encodes a homologue of cyclosporin A-binding protein. *Nature* 338: 67-70.

Snyder, S.H., M.M. Lai, and P.E. Burnett. 1998. Immunophilins in the nervous system. *Neuron* 21: 283-94.

Takahashi, T., R.S. Nowakowski, and V.S. Caviness, Jr. 1995. Early ontogeny of the secondary proliferative population of the embryonic murine cerebral wall. *J Neurosci* 15: 6058-68.

Tay, J., R. Hodgman, M. Sarkissian, and J.D. Richter. 2003. Regulated CPEB phosphorylation during meiotic progression suggests a mechanism for temporal control of maternal mRNA translation. *Genes Dev* 17: 1457-62.

Vittorioso, P., R. Cowling, J.D. Faure, M. Caboche, and C. Bellini. 1998. Mutation in the Arabidopsis PASTICCINO1 gene, which encodes a new FK506-binding protein-like protein, has a dramatic effect on plant development. *Mol Cell Biol* 18: 3034-43.

Wang, T., B.Y. Li, P.D. Danielson, P.C. Shah, S. Rockwell, R.J. Lechleider, J. Martin, T. Manganaro, and P.K. Donahoe. 1996. The immunophilin FKBP12 functions as a common inhibitor of the TGF beta family type I receptors. *Cell* 86: 435-44.

Wang, V.Y. and H.Y. Zoghbi. 2001. Genetic regulation of cerebellar development. *Nat Rev Neurosci* 2: 484-91.

Wolff, A., B. de Nechaud, D. Chillet, H. Mazarguil, E. Desbruyeres, S. Audebert, B. Edde, F. Gros, and P. Denoulet. 1992. Distribution of glutamylated alpha and beta-tubulin in mouse tissues using a specific monoclonal antibody, GT335. *Eur J Cell Biol* 59: 425-32.

Yang, W.M., Y.L. Yao, and E. Seto. 2001. The FK506-binding protein 25 functionally associates with histone deacetylases and with transcription factor YY1. *Embo J* 20: 4814-25.

Zhong, W. 2003. Diversifying Neural Cells through Order of Birth and Asymmetry of Division. *Neuron* 37: 11-4.

Figures

Figure 1. Distribution of Fkbp25 in cultured telencephalon progenitors and postmitotic neuronal derivatives, colocalization of Fkbp25 with FMRP and immunoprecipation of Fkbp25. (A) *In situ* hybridization using antisense Fkbp25 probes on E10 (A1) and E15 (A2) telencephalon sagittal sections. Note Fkbp25 expression in all proliferating neuroepithelial layer at E10.5 and in both proliferating cells of the ventricular zone (VZ) and postmitotic neurons of the cortical plate (CP) at E15. (B) Immunofluorescence analysis of Fkbp25 (red in B1, B2, B3), fibrillarin (green in B2, B3). (C) Colocalization of Fkbp25 with FMRP in dendrites of E15 embryonic cortical neurons analyzed by confocal microscopy. Cells were fixed and labeled with anti-FMRP (green; C1) or anti-MAP2 (red; C2) antibodies. Overlay is illustrated in C3. (D) Western blotting with an anti-Fkbp25 antibody. We subjected 40 µg of protein from E10.5 mouse telencephalon and E15 mouse cortex to SDS-PAGE, transferred the resulting bands to a nitrocellulose membrane, and probed the membrane with an anti-bovine Fkbp25 polyclonal antibody. (E) Detection of Fkbp25 in immunoprecipates obtained with anti CyFIP1 antibody using proteins extracted from telencephalon at E10.5 and cortex at E15. Note that no Fkbp25 was detected in immunoprecipitate from rabbit immunoglobulins (R IgG).

Figure 2. Subcellular distribution of Fkbp25 protein. Cultured PTK1 rat-kangaroo cells were fixed in cold methanol and stained by incubation with anti-Fkbp25 and anti-tubulin antibodies, followed by FITC-labeled anti-rabbit and Texas-Red-labeled anti-mouse antibodies. Images correspond to single confocal slices. Fkbp25 protein was located in the nucleus and centrosome (arrow) during interphase and was present in the spindle poles during mitosis. In telophase, the protein was redistributed to the midbody. Scale bars: 10 µm.

Figure 3. *Fkbp25* overexpression analyzed in primary cultures of embryonic telencephalon. (A) Experimental paradigm: primary telencephalon stem cells isolated from E10.5 embryos were plated, transfected at 24 hours and analyzed at 72 hours of culture. (B) Telencephalon stem cell proliferation and neuronal determination analyzed at 72 hours of culture. The panels on the left are differential interference contrast (DIC) pictures of cells at 72 hours of culture. GFP fluorescence is in green. Cells were fixed in 4% paraformaldehyde before staining with a monoclonal antibody against β-tubulin III (Tuj-1) or a polyclonal antibody against Ki-67 antigen. Bound antibodies were detected with a Texas –Red-conjugated goat anti-mouse IgG and a biotinylated anti-rabbit antibody followed by a streptavidin-Cy3 antibody, respectively. Double-immunostained cells are indicated by arrows. Scale bar: 20 μm. (C) Tuj-1 and Ki-67 detection after transient expression of the GFP-Fkbp25 construct. The percentage of immunoreactive cells was calculated from 100 cells from each sample (from 4-6 random standardized areas). Each bar represents the mean ± SEM (* and ** indicate $p < 0.01$ and $p < 0.001$, respectively).

Figure 4. Effect of the overexpression of mouse *Fkbp25* on neuronal differentiation in the chick neural tube. (A and B) Immunofluorescence double-labeling of stage 13 and 16 chick embryos electroporated with the GFP-Fkbp25 construct and a GFP control vector. Electroporated embryos were stained with anti-BrdU antibody (A) and 3A10 (B): GFP[+] cells are shown in green, BrdU[+] and 3A10[+] cells are shown in red, and cells containing both GFP and BrdU or both GFP and 3A10 are shown in yellow (arrows). For BrdU treatment, all embryos were given a 2-hour pulse of BrdU, injected into the neural tube, and were then killed. The 15 μm rhombencephalon cryosections were incubated with anti-BrdU and anti-3A10 antibodies and then with the appropriate secondary antibodies (see Materials and Methods). Scale bars: 25 μm. High magnification in A and B (insets on bottom right) shows GFP[+] cells considered positive for BrdU and 3A10. (C and D) Percentage of GFP[+] / BrdU[+] and GFP[+] / 3A10[+] cells with respect to the number of transfected cells in the two sets of conditions described above (embryos at stage 13 in C and 16 in D). The experiments were performed in 5 control embryos and 5 embryos transfected with the

GFP-Fkbp25 construct in each set of conditions. Each bar indicates the means ± SEM (*, ** and *** indicate p < 0.01, p < 0.001 and p < 0.0001, respectively).

Figure 5. Fkbp25 overexpression increases dendritic extension.
(A) E15 embryonic cortical neurons transfected at DIC1 and cultured until DIC2 were fixed and analyzed by confocal microscopy: GFP fluorescence (green); anti-MAP2 (red) and merge signals. Arrowheads indicate the growth cone of the longer dendrite used for measurements. (B) Length of the longer dendrite measured on the basis of MAP2 staining for transfected (Fkp25 or GFP control vectors) compared with length of the longer dendrite in surrounding neurons. (C) Length of the longer dendrite measured on the basis of GFP staining for Fkbp25 transfected cells compared with length of the longer dendrite in GFP control transfected cortical neurons (for each measurement, 30 neurons were analyzed in 3 distinct transfection experiments).

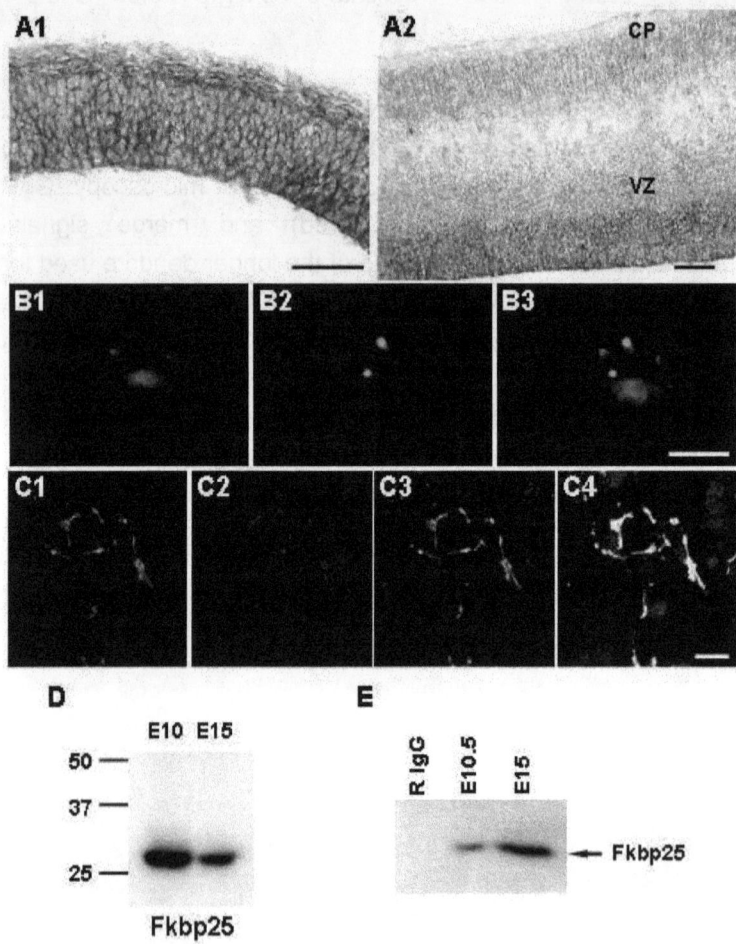

A1

A2
CP
VZ

B1 **B2** **B3**

C1 **C2** **C3** **C4**

D

E10 E15

50 —

37 —

25 —

Fkbp25

E

R IgG | E10.5 | E15

→ Fkbp25

Figure 1

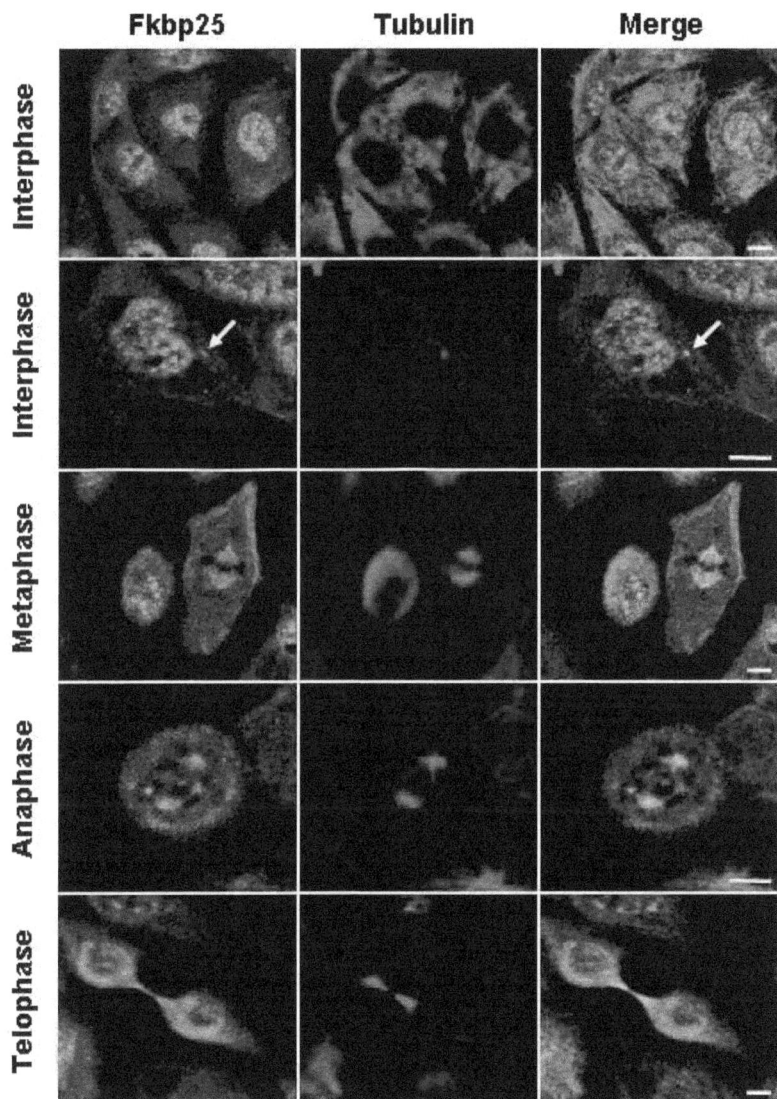

Figure 2

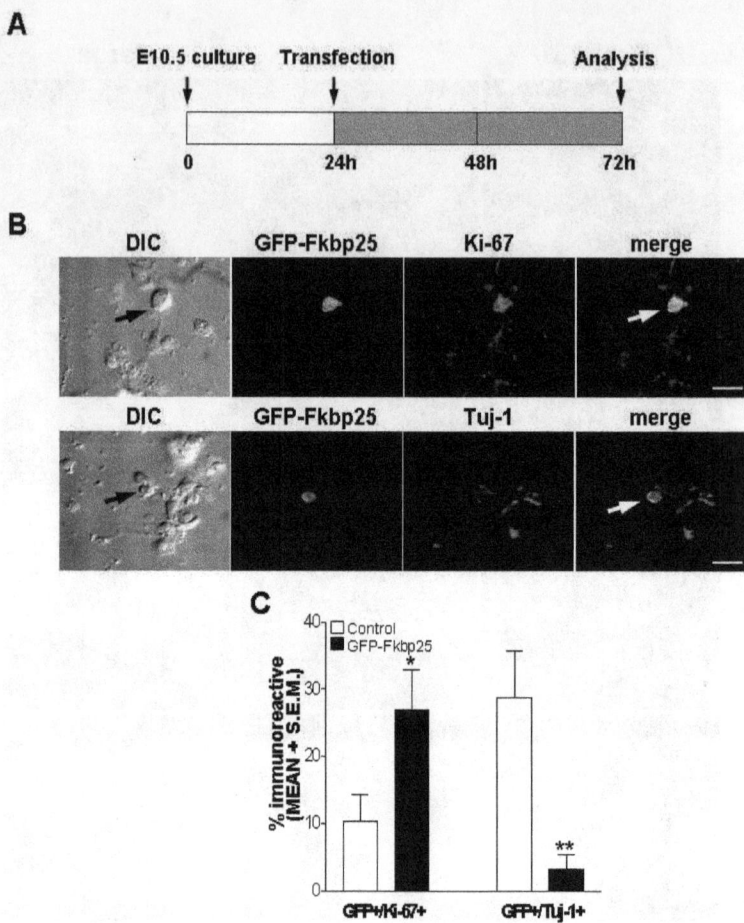

Figure 3

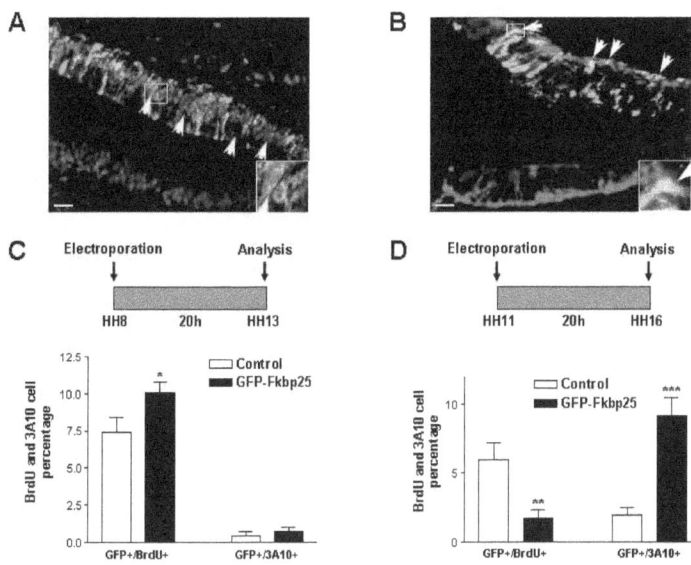

Figure 4

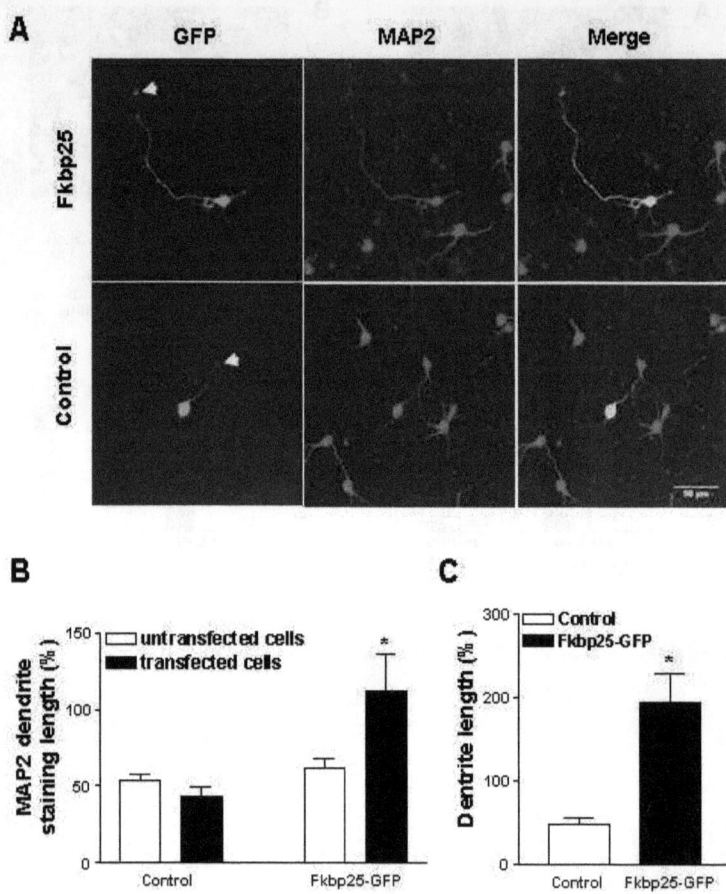

Figure 5

3 *Fkbp36*, l'orthologue souris de *FKBP6* délété dans le syndrome de Williams-Beuren, code pour une PPIase associée au centrosome qui module la division des progéniteurs neuronaux

1) *Position du problème*

Le syndrome de Williams-Beuren (WBS) est un syndrome neurologique complexe caractérisé par des anomalies cardiaques, une dysmorphie faciale et des troubles cognitifs particuliers (93, 103). Il est provoqué par la délétion de 1.5 Mb du chromosome 7 en position 7q11.23, qui comprend environ 17 gènes (270). A ce jour, seul le gène de l'élastine a été clairement responsable des anomalies cardiaques retrouvées chez les patients (93), mais aucun n'autre gène n'a été impliqué dans les anomalies cognitives des patients WBS.

Le gène *FKBP6* code pour une peptidyl-prolyl-isomérase (PPIase) qui fait partie de la délétion WBS, mais dont la fonction reste encore partiellement inconnue même si son invalidation chez la souris a pour conséquence une altération de la méiose des spermatocytes (66, 234). L'étude fonctionnelle chez l'homme est compliquée à cause de la présence de duplicons dans les régions flanquantes de la délétion, ce que l'on ne retrouve pas chez la souris (187, 270, 356).

Il existe 3 familles de PPIases : les FK506 binding protéines, les cyclophilines et les parvulines (84, 153). A ce jour 16 FKBPs, 18 cyclophilines et 2 parvulines ont été répertoriées chez l'homme (106). La fonction de certaines des FKBPs a été étudiée et il apparaît aujourd'hui qu'elles possèdent toutes des substrats spécifiques (153). Ainsi FKBP12 interagit avec le récepteur au TGFβ (58, 154), FKBP52 interagit avec les protéines HSP90 et l'enzyme PAHX (33, 54). FKBP25 interagit avec les histones déacétylases et le facteur de transcription YY1 (380) et la parvuline Pin1 catalyse le changement de conformation de Cdc25 (393).

Dans cet article nous avons cloné le gène souris *Fkbp36* et nous avons étudié son patron d'expression, la localisation cellulaire de la protéine Fkbp36, ses partenaires et l'effet de sa surexpression *in vitro* et *in vivo* sur le développement neuronal.

2) *Résultats*

a) *Clonage et identification du gène murin Fkbp36 localisé dans la région du chromosome 5 synténique de la région délétée du WBS*

A partir de deux ESTs murines, AU018779 et AU018717 qui présentaient respectivement 56% et 72% d'homologie en séquence protéique avec la protéine FKBP6 humaine, nous avons cloné le gène orthologue murin *Fkbp36*. Pour cela nous avons allongé chacune des EST en 5' et en 3' par la technique de RACE PCR à partir d'une banque coiffée de testicules. Nous avons alors obtenu un clone de 1257 pb avec une séquence codante de 981 pb et une séquence 3' UTR de 276 pb. La séquence nucléotidique de ce clone possédait 86% d'homologie avec celle de la protéine humaine FKBP6. L'analyse en BlastX de cette séquence a révélé la présence d'un domaine FK506 potentiel et d'un domaine TPR. Afin de confirmer qu'il s'agissait bien du gène *Fkbp36*, nous avons vérifié sa localisation chromosomique par la technique de FISH et d'hybrides d'irradiation. Nous avons trouvé que le gène *Fkbp36* était localisé au niveau du chromosome 5 en position G2 entre les marqueurs D5Mit245 et D5Mit141 (Fig. 1A et B). Nous avons ensuite déterminé son organisation génomique en nous appuyant sur les données disponibles de séquençage du génome de la souris et nous avons trouvé que l'orientation du gène *Fkbp36* était dans le sens opposé à celle du gène *Wbscr9* (Fig. 1C).

b) *La fonction peptidyl-prolyl-isomérase de la protéine Fkbp36*

La protéine Fkbp36 montre 84% d'homologie avec la protéine humaine FKBP6. En outre, nous avons trouvé plusieurs variants résultant d'épissages alternatifs de cette protéine (Fig. 2A). Ensuite nous avons mesuré la capacité d'isomérisation de la protéine Fkbp36 sur un substrat Suc-Ala-Leu-Pro-Phe-pNA. Nous avons trouvé que Fkbp36 possédait bien une activité PPIase, que celle-ci était plus faible que celle de FKBP12 et la Cyclophiline 40 (bCyP40) et qu'elle n'était pas inhibée par le FK506 (Fig. 2B).

c) Distribution des ARNm de Fkbp36

Nous avons étudiez le patron d'expression de gène *Fkbp36* dans un premier temps par northern blot sur des membranes embryonnaires et adultes puis par hybridation *in situ* chez l'embryon de souris à E10.5, E12.5, E15 et chez adulte. Nous avons trouvé que les ARNm de *Fkbp36* étaient détectable uniquement dans les testicules adultes par northern blot puis sur des coupes de testicules adultes, nous avons trouvé la que les ARNm de *Fkbp36* étaient exprimés dans les spermatogonies mais pas dans les spermatides matures. A E10.5, nous avons trouvé que l'expression du gène *Fkbp36* était faible mais détectable au niveau du système nerveux avec une plus forte expression au niveau du télencéphale dorsal. A E12.5, l'expression se restreint à des régions très discrètes telles que les ganglions de la racine dorsale où l'on détecte une faible expression (données non montrées). A E15, les ARNm de *Fkbp36* sont visualisables au niveau de la rétine, du nerf trijumeau, de la zone ventriculaire et de la plaque corticale ainsi que dans l'épithélium sensoriel de la cochlée (Fig. 3).

d) Le gène Fkbp36 code pour une protéine associée au fuseau mitotique qui module le cycle cellulaire

Nous avons étudié la localisation cellulaire de la protéine Fkbp36 dans une lignée de cellules PTK1. Pour cela nous avons transfectées ces cellules avec une construction dans laquelle la partie codante du gène *Fkbp36* a été fusionnée avec une étiquette myc. Nous avons alors trouvé que la protéine Fkbp36 se localisait au niveau du centrosome des cellules en interphase et au niveau du fuseau mitotique lorsque les cellules étaient en division (Fig. 4). Cette localisation suggérait que la protéine Fkbp36 pouvait avoir un rôle dans le cycle cellulaire, nous avons donc étudié l'effet de sa surexpression (par transfection) sur une lignée de cellules de neuroblastome, les N18. Et nous avons trouvé qu'il y avait plus de cellules en phase G1 lorsque celles-ci surexprimaient la protéine Fkbp36, correspondant à une augmentation de la durée de la phase G1 de ces cellules (données non montrées).

e) *La protéine Fkbp36 est associée à la protéine Limk-2b*

Nous avons entrepris l'étude des partenaires de la protéine Fkbp36, pour cela nous avons réalisé une immunoprécipitation à partir de cellules N18 transfectées par une construction où la partie codante du gène *Fkbp36* était fusionnée à celle de la protéine fluorescente verte (GFP). Après avoir immunoprécipité la protéine Fkbp36 par l'intermédiaire de la GFP, nous avons visualisé les bandes sur un gel et trouvé qu'il y avait 9 protéines échelonnées entre 20 et 90 kDa (Fig. 5A). Une analyse des peptides générés par la technique de Maldi-Tof après digestion par la trypsine a permis d'identifier la bande de poids moléculaire de 65 kDa comme étant la Limk-2b. Cette identification a été confirmée par l'immunodétection de la Limk-2b par la technique de Western blot (Fig.5B).

f) *Effet de la surexpression de la protéine Fkbp36 sur le développement neuronal précoce*

Nous avons étudié l'effet de la surexpression de la protéine Fkbp36 sur un nouveau modèle de culture de cellules souches du télencéphale (176). Pour cela, les cellules issues du télencéphale d'embryons de souris à E10.5 sont mises en culture, transfectées au bout de 24h et analysées à 48h de culture. Nous avons alors trouvé que le nombre de cellules en prolifération augmentait lorsque les cellules surexprimaient la protéine Fkbp36 par rapport au contrôle (vecteur GFP vide) (Fig. 6). Sachant qu'au stade de culture où nous sommes le télencéphale est constitué d'une seule couche de cellules souches (391), nous en avons conclu que la surexpression de la protéine Fkbp36 augmentait le nombre de cellules progénitrices.

g) *Effet de la surexpression de la protéine Fkbp36 sur le développement neuronal tardif*

Nous avons étudié l'effet de la surexpression de la protéine Fkbp36 *in vivo* chez l'embryon de poulet par electroporation. Les embryons de poulet sont électroporés avec la construction Fkbp36-GFP au stade HH10-HH11 puis analysés 20h plus tard au stade HH16. Après immunohistochimie avec les anticorps anti-BrdU et anti-neurofilament 3A10, nous avons trouvé que le nombre de cellules positives pour le marqueur de différentiation neuronale chez le poulet, 3A10, augmentait lorsque les cellules surexprimaient la protéine Fkbp36 par rapport au contrôle (Fig. 7). Nous en avons donc conclu que la surexpression de la protéine Fkbp36 induisait une augmentation du nombre de neurones en fin de neurogenèse.

3) *Discussion*

Nous avons cloné le gène *Fkbp36* chez la souris et vérifier sa localisation sur le chromosome 5 dans la région synténique du chromosome 7 humain. A ce jour aucun des gènes de la délétion WBS n'a été associé aux troubles cognitifs. Le gène codant la *LIMK1* a été proposé comme responsable des anomalies cognitives (104) mais une récente étude a remis en question cette suggestion car l'absence d'expression du gène était compatible avec un développement normal (348). L'invalidation d'un autre gène de la région WBS, *Cycln2*, chez la souris reproduit une partie du phénotype cognitif à savoir, une dysfonction de l'hippocampe et une déficit de coordination motrice (146). Mais nous pensons qu'il peut y avoir plusieurs gènes responsables des anomalies cognitives associées à ce syndrome WBS.

L'expression du gène *Fkbp36* dans des structures relatives à l'audition, la vision, la sensibilité faciale et le télencéphale ventral connu pour être impliqué dans le développement des axes thalamo-corticaux (168), en font un bon candidat. De plus la localisation de la protéine Fkbp36 au niveau du centrosome et du fuseau mitotique suggère un possible rôle dans la division cellulaire. La surexpression du gène *Fkbp36 in vitro* entraîne une division cellulaire anormale et la mise en place de multiples fuseaux mitotiques (données non montrées) comme cela a déjà été montré pour la protéine Lis1 (85).

Par immunoprécipitation, nous avons montré que la protéine Fkbp36 était associée à la protéine LimK2b. Il a été montré que LimK2b phosphorylait la protéine kinase p160 ROCK (334) qui vient d'être identifiée dans le positionnement du centrosome (60). Nous proposons un méchanisme dans lequel la fonction PPIase de la protéine Fkbp36 pourrait agir sur la LimK2b ou ROCK et influencer les mécanismes induits par ces deux protéines kinases.

De plus la surexpression *in vitro* et *in vivo* du gène *Fkbp36* induit une augmentation du nombre de progéniteurs en début de neurogenèse et une augmentation du nombre de neurones en fin de neurogenèse. Ces résultats sont cohérents avec des cycles de divisions supplémentaires des progéniteurs qui se différencient rapidement en neurones par des divisions asymétriques en fin de neurogenèse, comme cela a déjà été montré (52, 318). L'identification de mutations dans le gène humain ASPM (orthologue du gène drosophile *asp*) chez des patients présentant une microcéphalie, dont le phénotype est une diminution du nombre de cellules souches du télencéphale, montre combien un gène codant pour une protéine associée au fuseau mitotique est importante dans le contrôle de la taille du cerveau (31). On peut faire l'hypothèse que le niveau d'expression du gène *Fkbp36* serait critique pour le développement correct des cellules dans les régions où il s'exprime.

L'ensemble de ces données, l'expression du gène *Fkbp36*, la localisation de sa protéine et l'effet de sa surexpression sur les progéniteurs neuronaux suggèrent qu'une absence d'expression de ce gène pourrait contribuer aux troubles cognitifs observés chez les patients WBS.

ARTICLE 3

Fkbp36, the mouse ortholog of FKBP6, which maps to the region of the Williams-Beuren syndrome deletion, encodes a mitotic apparatus-associated prolyl isomerase that modulates the division of neuronal progenitors

Fabien Guimiot, Christophe Mas, Malik Khelfaoui, Béatrice Levacher, Virginie Népote, Francine Bourgeois, Pascale Ghilardi-Hebenstreit, Tomoyuki Sumi, Toshikazu Nakamura, Andrzej Galat, Giacomo Manenti, Henri H.Q. Heng, Michel Guiponi, Jean-Marie Moalic, Michel Simonneau

Article soumis à PNAS

Classification: Biological sciences: Neuroscience

Fkbp36, the mouse ortholog of *FKBP6* which maps to the region of the Williams-Beuren syndrome deletion, encodes a mitotic apparatus-associated prolyl isomerase that modulates the division of neuronal progenitors

Fabien Guimiot, Christophe Mas, Malik Khelfaoui, Béatrice Levacher, Virginie Népote, Francine Bourgeois, Pascale Ghilardi-Hebenstreit[1], Tomoyuki Sumi[2], Toshikazu Nakamura[2], Andrzej Galat[3], Giacomo Manenti[4], Henri H.Q. Heng[5], Michel Guiponi[6], Jean-Marie Moalic, Michel Simonneau*

Neurogénétique / INSERM E9935, IFR Claude Bichat, Hôpital Robert Debré, 48 Boulevard Sérurier, 75019 Paris, France.

[1] INSERM U368, Ecole Normale Supérieure, 15 rue d'Ulm, 75000 Paris, France.

[2] Division of Biochemistry, Department of Oncology, Osaka University Medical School, Suita, Osaka 565-0871, Japan.

[3] DIEP/CEA CE-Saclay, 91191 Gif sur Yvette Cedex, France.

[4] Istituto Nazionale per lo Studio e la Cura Dei Tumori, Milano, Italy.

[5] SeeDNA Biotech Inc., Ontario, Canada.

[6] Dept. of Genetics, CMU, Geneva, Switzerland.

*To whom all correspondence should be addressed at: Neurogénétique INSERM E9935, Hôpital Robert Debré, 48 Bvd Sérurier, 75019 Paris, France.
Tel: 33 1 40 03 19 23
Fax: 33 1 40 03 19 03
Email: simoneau@infobiogen.fr

19 text pages, 7 figures

Abstract (192 words), paper (4698 characters)

Abbreviations: WBS, Williams-Beuren Syndrome; FKBP, Fk506-
Binding Protein;
PPIase, Peptidyl-Prolyl isomerase.

Accession numbers: AAK39645, AAK53412, AAK53413

Abstract

We report here the cloning, mapping and functional analysis of the mouse *Fkbp36* gene, which encodes a novel peptidyl prolyl *cis/trans* isomerase (PPIase). Its human ortholog, *FKBP6*, maps to the 7q11.23 region deleted in Williams-Beuren syndrome (WBS). We cloned the mouse *Fkbp36* gene, which exists as a single copy in the syntenic region of chromosome 5. This gene encodes a 36 kDa protein with a FK506 binding domain and 2 or 3 tetratricopeptides (TPRs), depending on the isoforms expressed. During embryonic development, the expression of this gene is restricted to subsets of proliferating neuronal structures involved in sensory integration. Fkbp36 has PPIase activity and is associated with the mitotic apparatus. This protein interacts with LIM-Kinase 2b, a specific substrate of centrosome-associated kinase ROCK. *Fkbp36* overexpression results in an increase in the number of neuronal precursors in primary cultures of telencephalon stem cells. *In ovo* overexpression at late stages of chick embryo rhombencephalon development increases the number of postmitotic neurons. The expression of *Fkbp36* in neuronal structures related to sensory cognition and its effect on progenitor cell division suggest that the human *FKBP6* gene may be involved in certain aspects of WBS pathology.

Key words*: immunophilin, mitotic apparatus, neuronal progenitor, cell cycle, Williams-Beuren syndrome*

Abbreviations:
FKBP6, human FK506-binding protein coding gene 6; FKBP6, human FK 506-binding protein 36 kDa; Fkbp36, mouse FK506-binding protein gene 6; Fkbp36; mouse FK 506-binding protein 36 kDa; WBS, Williams-Beuren syndrome.

Introduction

Williams-Beuren syndrome (WBS) is a complex developmental disorder involving defects in cardiovascular and connective tissues and in neuronal development (1, 2). It is caused by the deletion of a chromosomal region of about ~1.5 Mb, encompassing 16-17 genes on 7q11.23 (3). A causal relationship between gene deletion and symptoms has been shown for only one gene, the elastin gene (*ELN*), which has been clearly implicated as the cause of cardiovascular defects (1). None of the other features of WBS has yet been attributed to specific gene deletions.

FKBP6, a gene encoding a putative peptidyl prolyl *cis/trans* isomerase (PPIase), has been reported to be deleted in WBS patients and the invalidation of *Fkbp36* gene in mouse contributes to impair meiosis generating infertile male mice (4, 5). Analysis of the possible involvement of the *FKBP6* gene in WBS has been hindered by the presence of *FKBP6* duplicons, flanking the deletion region (6). In contrast to humans and other non-human primates, mice have no duplicate regions flanking the orthologous gene, which simplifies the functional analysis of this gene (3, 7).

There are three families of PPIases, the primary sequences of which are dissimilar: the FK506-binding proteins (FKBPs), which include the product of the *FKBP6* gene, the cyclophilins and the parvulins (8, 9). To date, 16 FKBPs, 18 cyclophilins and 2 parvulins have been identified in humans (9, 10). The functions of some PPIases have been studied and there is emerging evidence that some PPIases have restricted substrate specificity (9). FKBP12 interacts with the TGFbeta receptor (11, 12). FKBP52 interacts with hsp90 (13) and with the peroxisomal enzyme phytanoyl-CoA alpha hydroxylase (14). FKBP25 binds to histone deacetylases and transcription factor YY1 (15). Parvulin Pin1 catalyzes conformation changes in Cdc25 (16).

In this study, we cloned *Fkbp36,* the mouse ortholog of the human *FKBP6* gene. A preliminary cloning of mouse *Fkbp36* gene was previously reported in Mas et al. (2000) (17). We studied the expression of this gene by northern blotting and *in situ* hybridization. During embryonic development in mice, the expression of *Fkbp36* is restricted to subsets of neuronal structures such as the telencephalon, retina, trigeminal ganglia and cochlear sensory epithelium. We found that the protein encoded by *Fkbp36* had peptidyl prolyl *cis/trans* isomerase (PPIase) activity and was associated with the mitotic apparatus. The overproduction of this protein led to the formation of abnormal mitotic spindles. Furthermore, Fkbp36 interacts with LIM-Kinase 2b, a specific substrate of centrosome-associated kinase ROCK (18, 19). We used two approaches to investigate the role of Fkbp36 in neurogenesis. First, we studied *Fkbp36* overexpression in primary cultures of telencephalon stem cells. We found that *Fkbp36* overexpression resulted in a near doubling of the number of progenitors. In contrast, when the effect of *Fkbp36* overexpression was analyzed at a late stage of neurogenesis *in vivo* in the chick embryo, an increase in the number of neuronal derivatives was observed.

Material and methods
Cloning of the full-length cDNA and plasmid construction
We rapidly amplified cDNA ends (RACE) from a mouse testis capped cDNA library (Clontech). The primers used to amplify alternatively spliced transcripts are available on request.

Fluorescent in situ hybridization (FISH) analysis
Lymphocytes were isolated from mouse spleen and cultured at 37°C. After 44 hr, the cultured lymphocytes were treated with BrdU for an additional 14 hr. The procedure for FISH detection was performed according to Heng *et al.,* (20, 21). Briefly, the slides were baked, treated to Rnase A. The slides were subjected to denaturation followed by dehydration. Mouse *Fkbp36* DNA probe was biotinylated with dATP by using the BRL BioNick labelling kit. The probe was denatured and was prehybridized. After hybridization, the slides were subjected to washing, detection and amplification using a published method (20, 21). The FISH signals and the 4',6-diamidino-2-phenylindole (DAPI) banding pattern were recorded separately by photographs. Chromosomal assignment was

achieved by superimposing the FISH signals on a particular chromosome with the same chromosome banded with DAPI, with the same results obtained in photographs of ten different fields.

Radiation hybrid mapping

Radiation hybrid mapping was carried out as previously described (22). Primers 5'-CATCCAAAGATTCAGGCTCTGT-3' and 5'AAAAGTTGTTGAATGGGAGAGC-3' were used for detecting mouse *Fkbp36* gene. These primers produced a band of 186 bp in the mouse but no PCR product in hamster. With respect the original T31 panel, RH assay was performed on a subset of 90 hybrid DNAs (the complete list of hybrid used is available at www.genoscope.cns.fr) along with two positive mouse and two negative hamster control DNAs. Together with mouse specific primers, we have included in the PCR mix two additional primers (5'-TAGATGGCACACCCCTGAA-3' 5'-GGAAGTGACAGTCAGCCTGAA-3') that amplify a 347-bp portion of the hamster C-reactive protein gene. The PCR products were loaded on a single agarose gel and stained with ethidium-bromide.

PPIase assays

The rates of *cis/trans* isomerization of peptide substrate (Suc-Ala-Leu-Pro-Phe-pNA, Bachem, Switzerland) were evaluated as previously described (23). The curves were analyzed with the Kinmin program (24).

Constructs

The mouse *Fkbp36* cDNA was inserted into pCDNA 1.1 (Invitrogen) with a sequence encoding c-myc, so as to produce a fusion protein (c-myc fused in-frame to the C-terminus of the Fkbp36 protein). The mouse *Fkbp36* cDNA was also fused in-frame to the 3' end of the GFP cDNA in the pEGFP-C1 vector (InVitrogen). For assays of peptidyl prolyl *cis/trans* isomerase (Ppiase) activity, the mouse *Fkbp36* cDNA was fused in-frame with the 3' end of the GST cDNA in the pGEX 6P-2 vector (Amersham). All constructs were verified by automated DNA sequencing.

Immunochemistry and in situ hybridization

PTK1 cells were incubated with a monoclonal polyglutamylated anti-tubulin antibody (1: 500, provided by Dr Denoulet) and a monoclonal anti-myc antibody (1: 100, Roche), detected with an FITC anti-mouse antibody and a Texas-Red anti-mouse antibody (1: 200, Sigma), respectively. Transfected primary cells were incubated with the polyclonal Ki-67 antibody (1:300, Novocastra) or a mouse monoclonal β-tubulin antibody (Tuj-1, 1: 400, Sigma). Secondary antibodies were: a biotinylated anti-rabbit antibody (1: 500, Beckman Coulter) or a Texas-Red anti-mouse antibody (1:400, Jackson Immunoresearch). For Ki-67 immunodetection, cells were incubated with a streptavidin-Cy3 antibody (1: 300, Jackson Immunoresearch). For chick embryos, immunochemistry was performed on 15 μm cryostat sections. Primary antibodies, monoclonal anti-BrdU (Kit Anti-Bromodeoxyuridine + Nuclease, Amersham) and anti-neurofilament 3A10 (1: 20, DSBH) antibodies were detected with a Texas-Red anti-mouse antibody and a biotinylated anti-mouse antibody (1: 200, Sigma) followed by a streptavidin-cyanin 3 antibody (1: 100, Sigma), respectively. In situ hybridization was performed on 10 μm cryostat sections as described by Schaeren-Wiemers & Gerfin-Moser (1993) (25) and Dauger et al., 2001 (26).

Protein databases, search for homologous sequences and analysis of multiple sequence alignments

The sequences of FKBPs extracted from databases were clustered as described in (10), using Clustal-W (27). Total hydrophobicity content (H_i), defined as the ratio of amino acids present in hydrophobic segments to total amino acids, and the masses and isoelectric points (pI) of proteins and their fragments were calculated as in described in (10).

Immunoprecipitation, SDS-PAGE and blotting of proteins

Cellular extracts obtained from lysis of 60.10^6 cells (total 21 ml) were combined and adjusted to 0.7M NaCl. The combined extract was treated with 100 μg of anti-GFP (Boehringer, lot 90292320) at 6°C during 1 hour with light shaking. To the mixture was added 500 μl of the Protein-G Agarose slurry (Sigma, lot 40K7025) and the mixture was incubated during 7 hours at 6°C. The Protein-G Agarose beads bearing the immunoprecipitated proteins were pelleted at 3000 RPM and washed 5 times with 50 mM Tris-HCl pH=7.4, 0.1% Triton X-100. The washed beads were boiled during 2 min in SDS-PAGE sample application buffer and subjected to electrophoresis onto SDS/PAGE (20cm x 20cm). The SDS-PAGE gels were silver stained and relative masses (Mr) of proteins were established using the molecular mass standards supplied by Sigma. For Maldi-Tof analyses and Western blotting the gels were transferred onto nitrocellulose membrane and stained with Ponceau Red. For immunodetection of LIM-Kinase 2b, nitrocellulose membrane was incubated with the polyclonal anti-LIM-Kinase 2b (1: 500, provided by Dr Nakamura) overnight at 4°C. Then nitrocellulose membrane was washed three times with 200 ml Tris-buffered saline/0.1% Tween-20 (TBST) and the polyclonal anti-LIM-Kinase 2b was revealed with the chemiluminescent detection kit (ECL, Amersham).

Enzymatic digestion of proteins.
Pieces of nitrocellulose membrane stained with Ponceau Red were blocked with PVP-40 (0.5% solution in 100 mM acetic acid) during 30 mins at 37°C. The pieces were rinsed with ammonium carbonate and treated during 2 hours with modified trypsin (Boehringer) at 6°C followed by 14 hours at 37°C in 10 mM ammonium carbonate.

Maldi-Tof experiments and computer analysis of data.
Maldi-Tof experiments were made on a UV-Voyager-DE from Perceptive Biosystems. Lyophilized mixture of peptides was solubilized in 100 μl of the matrix containing α-cyano-4-hydroxycynamonic acid in 50% acetonitrile. Two ml of peptide solution was placed onto silver plate and the time of flight was measured at the reflecting mode using 20,000 volts of acceleration. The spectrometer was calibrated with insulin. Mass spectroscopy data were analyzed with the Expasy system (http://expasy.hcuge.ch) and the Amas program (written by A. Galat).

In ovo electroporation

Electroporation was performed as described by Giudicelli *et al.* (2001) (28, 29). Embryos were electroporated between stages HH10-HH11 and collected 20 h later.

Statistics

Student's t test (Prism 3 software, GraphPad Software Incorporated, USA) was used for all pairwise comparisons.

The detailed description of materials and methods is given online as Supporting Information.

Results
Cloning and identification of the *Fkbp36* gene located in the region of mouse chromosome 5 syntenic to the region deleted in WBS

(Figure 1)

We studied the function of the *FKBP6* gene by cloning its murine ortholog, which we named *Fkbp36*, as it encodes a 36 kDa protein. Two mouse expressed sequence tags (EST) (AU018779; AU018717), the deduced amino acid sequences of which displayed significant overlap with the sequence of the human FKBP6 protein (encoded by AF038847), were used as the initial templates. AU018779 and AU018717 displayed 56% and 72% amino acid sequence identity to human FKBP6, respectively. The AU018779 and AU018717 nucleotide sequences were extended at the 5' end by RACE PCR with a capped testis cDNA library. A full-length 1257 bp clone was obtained and sequenced. This clone contained a 981 bp ORF with a 276 bp 3' UTR, and a nucleotide sequence 86% identical to that of the human *FKBP6* gene. A BlastX search revealed that this cDNA encoded a putative protein with a conserved peptidyl prolyl *cis/trans* isomerase (rotamase) domain and a ligand-binding domain typical of the FK-506-binding protein class of immunophilins (FKBPs). The putative protein has a predicted molecular mass of 36 kD and is thus referred to as Fkbp36. To demonstrate that this cDNA was the *bona fide* mouse ortholog of the human *FKBP6* gene, we mapped it by FISH, using a 2.1 kb probe corresponding to the intron sequence between exon 7 and the 3'UTR. This probe hybridized to mouse metaphase chromosomes, giving a single signal, corresponding to band G2 of mouse chromosome 5 (Fig. 1A). We also performed radiation hybrid (RH) mapping on the T31 panel, using a mouse-specific 186 bp PCR product from the 3'UTR region of the mouse *Fkbp36* gene. We mapped the gene to a location between markers D5Mit245 and D5Mit141 (Fig. 1B). We made use of the data available from the mouse genome sequencing project to determine the genomic organization around the *Fkbp36* gene from a contig (AC074359) covering 157 kb (Fig. 1C). Interestingly, we found that the ORFs corresponding to the *Fkbp36* and *Fzd9* genes were in the opposite orientation to the *Wbscr9* gene.

Peptidyl prolyl isomerase function of Fkbp36 protein
(Figure 2)

Fkbp36 has an amino acid sequence 84% identical to that of the FKBP6 protein encoded by the human *FKBP6* gene (protein 1 in Fig. 2A). Moderate sequence identity (ID) was observed with the archetypal FKBP12 proteins: ID=31% with FKBP12 alpha and ID=32% for FKBP12 beta. The N-terminus of the putative Fkbp36 protein (amino acids 37-148) displays 18% to 36% sequence identity with the FK506-binding domains (FKBD) of other mammalian FKBPs (10). The FKBD of Fkbp36 is more hydrophobic than the corresponding sequence in FKBP12 alpha (hydrophobicity indices, H_{js}, of 52.3 and 25.2, respectively). Comparisons of predicted hydrophobicity and secondary structure profiles for the FKBDs of Fkbp36 and FKBP12 alpha suggest that the overall folding patterns of their chains are similar. However, the considerable sequence divergence (ID=32%) observed suggests that the PPIase domains of these proteins have different substrate/ligand specificity. For example, the tryptophan at position 59 (W59) in FKBP12 alpha, which is located at the end of the short alpha helix and contacts FK506 in the FKBP12 alpha/FK506 complex, is replaced by methionine (M94) in both FKBP6 and Fkbp36. This tryptophan residue shows moderate conservation: it is present in 122 aligned sequences of FKBPs from various phyla (Fc=0.699, with Fc as Frequency of conservation) and is most frequently replaced by leucine (Fc=0.197). The AYG motif, typical of FKBPs, is well conserved in all seven aligned sequences and in the large-scale multiple sequence alignment: Ala, Tyr and Gly have Fc=0.746, Fc=0.885 and Fc=0.975, respectively. We evaluated isomerization of the peptide substrate (Suc-Ala-Leu-Pro-Phe-pNA) and showed that Fkbp36 had PPIase activity (Fig. 2B). However, this activity is lower than that obtained for FKBP12a and bCyP40. Furthermore, Fkbp36 displayed a stronger preference for Ala-Leu-Pro-Phe (hFKBP12a substrate) than for Ala-Ala-Pro-Phe (the preferred substrate of cyclophilins). This activity was not blocked by FK-506, used at a final concentration of 40 nM to 50 µM. Splice variants of *Fkbp36* were detected by RACE PCR, using a capped mouse testis cDNA library. These alternative transcripts give rise to modified proteins created by skipping exons 1 (proteins 1 & 2) and 5 (protein 3). The isoforms of Fkbp36 have either two or three tetratricopeptide (TPR) repeats at their C-terminal ends (Fig. 2A). TPR is a 34-amino acid motif of variable sequence found in a variety of proteins; it mediates protein-protein interactions (30). TPRs have been found in other FKBPs, including FKBP37, FKBP38, FKBP51 and FKBP52. The TPRs in FKBP52 and FKBP51 bind heat shock protein 90 (Hsp90) and steroid hormone receptor (31, 32). Database searches identified a distant homolog of Fkbp36 encoded by the *Arabidopsis thaliana* genome (AtFKBP41); this homolog displays 23% sequence identity and a similar distribution of FKBD and TPR domains.

Distribution of *Fkbp36* mRNA
(Figure 3)
We investigated expression of the *Fkbp36* gene in mouse embryonic tissues at various stages of development and in various adult tissues by northern blotting, using a 519 bp cDNA probe. Northern blots revealed that *Fkbp36* was expressed only in the adult testis (data not shown). We investigated which cells in the testis expressed *Fkbp36*, by performing *in situ* RNA hybridization on

sections of adult mouse testis, using an 1191-bp riboprobe (transcript encoding protein 1; Fig. 2A). *Fkbp36* mRNA was present in the spermatogonia lining the basement membrane of the tubules but not in the mature spermatids located in the center of the tubules. On E 10.5, *in situ* hybridization of embryonic sections indicated that *Fkbp36* was weakly expressed in various tissues of the nervous system, with the strongest signal corresponding to the ventral telencephalon (data not shown). At this embryonic stage, two alternative transcripts (encoding proteins 1 & 2, Fig. 2A) were detected by RT-PCR in the telencephalon. From E10.5 to E12.5, *Fkbp36* expression was weak and detected only in certain subsets of neuronal structures, such as the dorsal root ganglia, consistent with the lack of signal on northern blots. On E15, discrete regions of the nervous system known to be involved in sensory cognition were found to express *Fkbp36*. We detected *Fkbp36* expression in the neuroblasts of the retina, in the developing sensory epithelia of the cochlea, in the ventricular zone and cortical plate of the dorsal telencephalon, from which the neocortex originates, and in the trigeminal ganglia (Fig. 3). We were also able to detect human *FKBP6* transcripts by RT-PCR, using oligonucleotides corresponding to the 327 bp 3' UTR of the transcript specifically deleted in WBS patients, and RNA isolated from the eight-week-old human embryo telencephalon and retina (data not shown).

Fkbp36 encodes a mitotic apparatus-associated protein that modulates cell division
(Figure 4)
We investigated the intracellular distribution of Fkbp36 in mammalian cells by constructing an expression vector for a Myc-tagged Fkbp36 protein. We conducted double-staining experiments, using anti-tubulin antibodies (33) and anti-Myc antibodies, after transiently producing this tagged protein in PTK1 cells. This double staining provided direct evidence that Fkbp36 protein was located in the centrosome of interphase cells and in the mitotic spindle (Fig. 4). The overproduction of Fkbp36 resulted in the formation of abnormal mitotic structures in PTK1 cells. The number of multipolar mitotic

spindles was greater in PTK1 cells than in the control (58% versus 19% of control transfected cells) (data not shown).

To determine whether Fkbp36 was involved in cell cycle progression, we studied the effects of *Fkbp36* gene overexpression on cell-cycle kinetics. The mouse N18 neuroblastoma cell line was transfected with the construct encoding the GFP-Fkbp36 fusion protein or with a control GFP expression vector. We first studied the incorporation of BrdU 48 hours after transfection. BrdU incorporation was visualized by staining with a monoclonal antibody and BrdU-positive transfected cells were counted. The percentage of BrdU-positive cells was lower for cells transfected with the GFP-Fkbp36 construct than for the control (2.5 ± 0.2 % versus 6.6 ± 0.7 %; mean ± SEM; n=10). We studied the cell-cycle phase distribution of transfected N18 cells and compared it with that for cells transfected with the GFP control expression vector, 48 hours after transfection. No sub-G1 cell population was observed after GFP-Fkbp36 transfection; this subpopulation of cells is indicative of apoptosis (34). The number of cells in G1 phase was significantly higher for cells producing the GFP-Fkbp36 fusion protein than for control-transfected cells (52.4 ± 0.8 % versus 43.7 ± 1.0 %; mean + SEM; n=10). Given that N18 cells continued to proliferate after transient transfection with a construct expressing the *Fkbp36* gene, the increase in the percentage of cells in G1 may result from a lengthening of the G1 phase. Similarly, the number of cells in the S, G2 and M phases was significantly lower for cells producing the GFP-Fkbp36 fusion protein than for transfected control cells (for S phase: 30.8 ± 0.4 % versus 34.5 ± 0.6 %; for G2/M: 13.5 ± 0.7 % versus 16.8 ± 1.1 %; mean + SEM; n=10) (data not shown).

Fkbp36 is associated with LIM Kinase 2b

(Figure 5)

We took advantage of a polyclonal antibody against GFP to immunoprecipitate GFP-Fkbp36 fusion protein and its potential partners. Nine distinct proteins were visualized after immunoprecipitation between 90 and 20 kD (Fig. 5 A, p1-p9). Two distinct immunoprecipitations were worked out, allowing the identification of peptides by Maldi-Tof after trypsic digestion. Maldi-Tof analysis predicted that the ~65 kD (p3) was LIM-Kinase 2b (18, 35). The identification of LIM-Kinase 2b was confirmed by immunodetection on western blot (Fig 5 B).

Fkbp36 overexpression at earlier stages of neuronal development

(Figure 6)

We investigated the function of Fkbp36 during embryonic development in neuronal progenitors further by making use of a novel *in vitro* model of mouse telencephalon stem cell culture, based on cells isolated on E 10.5 (36). At this embryonic stage, the telencephalon consists of a single layer of proliferating stem cells (37). We followed stem cell proliferation and neuronal determination, using Ki-67 as a proliferation marker (38) and β-III-tubulin (Tuj-1), which has been shown to be present in postmitotic neurons in the developing cortex (39, 40), as a marker of neuronal determination. We used this novel *in vitro* model to study the effect of *Fkbp36* overexpression on neuronal stem cell proliferation and/or differentiation. Cells were transfected after 24 hours of culture and analyzed after 48 hours of culture. We found no significant variation in the percentage of Tuj-1+/GFP+ neurons generated after two days of culture (9.7 $\pm$ 5.0 % for the control versus 10.8 $\pm$ 6.7 % for GFP-Fkbp36). The lack of variation in the number of postmitotic neurons after 48 hours of culture indicates that neuronal differentiation was not affected by the overexpression of *Fkbp36* at 48 hours of culture. In contrast, we observed a significant increase in the percentage of Ki-67+/GFP+ cells present after two days of culture (30.0 $\pm$ 5.6 % for control versus 47.2 $\pm$ 4.4 % for GFP-Fkbp36) (Fig. 6). These results obtained with primary cultures suggest that the increase in the number of neuronal precursors at 48 hours of culture was due to an extra round of progenitor cell division induced by the overexpression of *Fkbp36* gene.

Fkbp36 overexpression at late stages of neuronal development
(Figure 7)

We analyzed the effects of *Fkbp36* overexpression at late stages of neuronal development, by *in vivo* electroporation of chick embryos (28, 29, 41). Chick embryo rhombencephalons were electroporated and stained for proliferation with BrdU, and for differentiation with an antibody against chick neurofilament protein (3A10) (Fig. 7A). Twenty hours after electroporation, we observed an increase in the number of 3A10-positive cells and a decrease in the number of BrdU-positive cells. These data (Fig. 7B) indicate that Fkbp36 promotes the differentiation of chick neuronal progenitors, at late stages of neuronal development.

Discussion

In this work, we characterized *Fkbp36,* a gene encoding a 36 kDa protein with a FK506-binding domain and two or three TPRs, depending on the isoforms expressed. FISH and radiation hybrid mapping demonstrated that the *Fkbp36* gene was located on the region of mouse chromosome 5 that is syntenic to the human 7q11.23 chromosomal region deleted in WBS. Human *FKBP6* maps to the centromeric part of the region deleted in WBS. Comparison of the chromosomal deletions in patients with partial deletions suggested that the lack of certain centromeric genes might be responsible for subtle changes in cognition, involving extreme weakness in visuo-spatial constructive cognition and enhancement of auditory memory and language abilities (42, 43). To date, no gene present in the region deleted in WBS has been identified as responsible for the cognitive defects typical of WBS (44). It has been suggested that *LIMK1*, which encodes a protein kinase, is responsible for the WBS cognitive phenotype (45). However, the involvement of this gene was recently called into question as its deletion was found to be compatible with the development of normal cognitive function (43). Targeted mutations in mouse *Cycln2,* the human ortholog of which is located in the critical region deleted in WBS, result in several features reminiscent of WBS, including hippocampal dysfunction and deficits in motor coordination (46).

However, we expect to find that more than one gene in the critical region is responsible for the behavioral abnormalities associated with this syndrome.

The profile of expression of *Fkbp36,* limited to subsets of developing central neurons, can be compared with WBS cognitive phenotypic traits (47). *Fkbp36* is expressed in sensory neurons related to vision, audition and facial sensitivity and in the ventral telencephalon, in which the sensory integration of neocortical structures occurs. The *Fkbp36* gene is also expressed more strongly in the ventral than in the dorsal telencephalon. The ventral telencephalon is known to be involved in the development of thalamo-cortical connections. Impairments in thalamo-cortical axon path finding may affect auditory and visual functions (48, 49).

The intracellular distribution of the myc-tagged Fkbp36 protein indicates that *Fkbp36* encodes a mitotic apparatus-associated protein. Unlike other immunophilins, FKBP25 and FKBP52 have been reported to be present in the nucleus (15, 50, 51). Interestingly, we found that FKBP25 was also associated with centrosomes and the mitotic spindle (Guimiot *et al.*, in preparation), as already demonstrated for FKBP52 (51). Furthermore, *Fkbp36* overexpression was sufficient to induce abnormal cell division, with the formation of multiple spindles. A similar effect was recently reported for other centrosome-associated proteins, such as Lis protein (52). Using immunoprecipation, we found that LIM-kinase 2b was associated with Fkbp36-GFP protein. We previously demonstrated that LIM kinases 2 are selectively phosphorylated by p160 Rho-associated protein kinase ROCK (18). ROCK was recently identified as a new centrosomal component required for centrosome positioning and centrosome-dependent exit from mitosis (19). One can propose a tentative mechanistic pathway involving Fkbp36, ROCK and LIM-Kinase 2b in neuronal progenitor cell centrosomes. In these complex organelles, by its PPiase activity, Fkbp36 may modify the conformation of either ROCK or LIM-kinase 2b, thus modifying the cellular processes regulated by this specific kinase pathway. Further work will be required to unravel this tentative mechanistic pathway.

Fkbp36 overexpression in N18 neuroblastoma cells decreased BrdU incorporation and increased the number of cells in G1, possibly resulting in a lengthening of the cell cycle. These data indicate that Fkbp36 modulates the cell cycle. However, studies of stem cells in transcriptional situations as close as possible to those of neuronal stem cells *in vivo* can be used to determine the function of Fkbp36 more precisely. The transfection of telencephalon stem cells resulted in a larger proportion of Ki-67/GFP-positive cells after two days of culture, demonstrating that *Fkbp36* overexpression increases the number of dividing stem cells. This result is consistent which an extra round of division for telencephalon progenitor cells. We also studied *Fkbp36* overexpression at later stages of neuronal development in chick embryo. We demonstrated that *Fkbp36* overexpression *in ovo* increased the number of postmitotic neurons. This finding is consistent with the extra rounds of division of progenitors that rapidly differentiate into neurons at later stages of asymmetric cell division, as previously demonstrated (53, 54). The recent identification of mutations in the human ortholog of the abnormal spindle gene, ASPM, in patients with primary microcephaly, the phenotype of which consists of a decrease in the number of telencephalon stem cells, illustrates the importance of mitotic spindle proteins in controlling the size of the mammalian cortex (55).

The level of expression of *Fkbp36* may be critical for the correct development of progenitors in the subset of neuronal structures in which we detected expression during embryogenesis, and which are related to sensory integration. Whatever the molecular mechanisms involved, our results demonstrate, for the first time, that a FKBP family member is involved in control of the cell cycle in proliferating neuronal progenitors in the embryo. The chromosomal location of *Fkbp36*, sensory system-related stem cell expression profiles and the function of the encoded protein in cells all suggest that the absence of the *Fkbp36* gene may contribute to certain aspects of the cognitive phenotype of WBS.

Acknowledgments

We would like to thank Dr Pamela Jacques Thomas and Eric Green, NIH intramural sequencing center, for unpublished data on BAC clone AC074359, Marie-Claude Gendron, Institut Jacques Monod, for FACS analysis, Gérard Géraud, Service Imagerie, Institut Jacques Monod, for confocal microscopy analysis and Dr. Scania de Schonen for invaluable comments on the cognitive phenotype of Williams-Beuren syndrome. We thank Dr Denoulet, Université Paris VI, for providing a monoclonal antibody against polyglutamylated tubulin GT335. This work was partly supported by INSERM, Retina France Foundation, Fondation Jérôme Lejeune and Association contre le Syndrome de Rett. M. K. was supported by a Société des Amis des Sciences postdoctoral fellowship. C.M. was supported by fellowships from Fondation pour la Recherche Médicale and Fondation France-Telecom.

Figures

Figure 1. Chromosomal location of the gene and genomic organization. Chromosomal localization of *Fkbp36* to chromosome 5 band G2. FISH signals on mouse chromosomes probed with a 2.1 kb *Fkbp36* intron probe (Red). The same mitotic chromosomes stained with DAPI (blue) to identify mouse chromosome 5 (21). (B) Radiation hybrid map showing mouse chromosome 5 with loci linked to *Fkbp36*. (C) Schematic representation of the *Fkbp36*, *Frizzled-9* and *Wbsrc9* genes on mouse chromosome 5G. The nucleotide sequence corresponding to the BAC clone (GenBank Acc. Number AC074359, 6 ordered pieces; Green E.D unpublished data) containing these genes is represented as a thick black line. The genomic structures and some features of the *Fkbp36*, *Frizzled-9* and *Wbscr9* genes are shown in one section. Exons are numbered and depicted in different colors, as vertical blocks, at the bottom of this section. The first six exons of *Wbsrc9* are not present in the BAC clone.

Figure 2. Diversity of proteins encoded by the mouse *Fkbp36* gene, and PPIase assays. Schematic representation of the three Fkbp36 putative protein isoforms. The three proteins were encoded by three alternatively spliced cDNAs and contained a FK506 binding domain and several tetratricopeptides (TPRs). Protein 2 has a different exon 1 (E1b), located 172 bp upstream from the position corresponding to the start of exon 1a (E1a) of protein 1. Protein 3 has the same exon 1 as protein 2, but has lost exon 5, resulting in the partial elimination of the TPR1. Accession numbers in the GenBank database are indicated under the name of the protein isoforms concerned.

(B) PPIase activity of Fkbp36. GST fusion proteins (GST-hFKBP12a, GST-bCyP40 and GST-Fkbp36) were used at a concentration of approximately 60 µM. The spontaneous isomerization of peptide substrate (Suc-Ala-Leu-Pro-Phe-pNA) and its catalysis by Fkbp36, bovine cyclophilin 40 (bCyP40) and human FKBP12a are shown.

Figure 3. Production of mouse *Fkbp36* mRNA in various neuronal structures. *In situ* hybridization of mouse *Fkbp36* mRNA on sagittal cryostat sections of mouse embryo on E15. Mouse *Fkbp36* mRNA was detected in the retina (A), in the cochlear epithelium (B), in the ventricular zone and the cortical plate of the telencephalon (C) and in the trigeminal ganglion (D). A Negative control was shown for the trigeminal ganglion (E). CP: Cortical plate; VZ: Ventricular zone; V: Trigeminal ganglion. Scale bars: 200 µm.

Figure 4. Subcellular distribution of Fkbp36-myc fusion protein and phenotypic effects of *Fkbp36* overexpression in PTK1 cells. Immunofluorescence microscopy of PTK1 cells overexpressing Fkbp36-myc. Cells were fixed in 4% paraformaldehyde. Double labeling with monoclonal antibody against myc, and the detection of bound antibody with a Texas-red goat anti-mouse IgG. Cells were stained with monoclonal polyglutamylated anti-tubulin antibody, which was detected with a Cy3-goat anti-rabbit IgG. Fkbp36 is present in the centrosome during interphase (A) and in the mitotic spindle during mitosis (B & C). Scale bar: 10 µm.

Figure 5. Identification of LIM-kinase 2b from GFP-Fkbp36 immunoprecipitates. (A). SDS-PAGE of cellular proteins immunoprecipitated with anti-GFP antibody, from mouse N18 cells overexpressing the GFP-Fkbp36 construct. In lines 1 and 2 are shown two different concentrations of immunoprecipitated proteins. The bands corresponding to antibody chains are labelled Abs. The bands labelled p1-p9 were analyzed by Maldi-Tof. They were visible only on the SDS-PAGE of anti-GFP but not on control immunoprecipitates (data not shown). The p3 band (~ 65 kD band) gave peptides specific for the LIM-kinase 2b. (B) Western blot of control cell lysate (line 3) and immunoprecipitate (line 4) using anti-LIM-kinase 2b antibody. LIM-kinase 2b was detected only in immunoprecipitate at ~65 kD.

Figure 6. *Fkbp36* **overexpression analyzed in primary cultures of embryonic telencephalon.** (Left panel) Experimental paradigm: primary telencephalon stem cells isolated from E10.5 embryos were plated, transfected at 24 hours and analyzed after 48 h of culture. Telencephalon stem cell proliferation and neuronal determination, analyzed after 48 hours of culture, on confocal microscopy images. GFP fluorescence is shown in green. Cells were fixed in 4% paraformaldehyde before staining with a monoclonal antibody against β-tubulin (Tuj-1) or a polyclonal antibody against Ki-67 antigen. Bound antibodies were detected with a Texas-red goat anti-mouse IgG or a biotinylated anti-rabbit antibody followed by a streptavidin-Cy3 antibody. Double-immunostained cells are indicated by arrows. Scale bar: 20 μm. (Right panel) Levels of Tuj-1 and Ki-67 after transient GFP-Fkbp36 production. The percentage of immunoreactive cells was calculated for 300 cells from each sample (from 4-6 random standardized areas). Each bar indicates the mean $\pm$ SEM (* indicates $p = 0.033$).

Figure 7. Effect of the overexpression of mouse *Fkbp36* **on neuronal differentiation in the chick neural tube.** (A) Double-label immunofluorescence of chick embryos electroporated at stages between HH10-HH11 with the GFP-Fkbp36 construct or a GFP control vector and stained at stage HH16. Electroporated embryos were stained with anti-BrdU and 3A10: GFP+ cells are green, BrdU+ and 3A10+ cells are red, and cells producing both GFP and BrdU or GFP and 3A10 are yellow (arrows). For BrdU treatment, all embryos were given a 2-hour pulse of BrdU, in the neural tube, before they were killed. The 15 μm rhombencephalon cryosections were incubated with anti-BrdU and anti-3A10 antibodies and then with the appropriate secondary antibodies (see Materials and Methods). Scale bars: 25 μm. (B) Percentage of GFP+/BrdU+ and GFP+/3A10+ cells with respect to the number of transfected cells. The experiments were performed in 5 control embryos and 5 embryos transfected with the GFP-Fkbp36 construct. Each bar indicates the means $\pm$ SEM (* and ** indicate $p < 0.01$ and $p < 0.001$, respectively).

References

1. Ewart, A. K., Morris, C. A., Atkinson, D., Jin, W., Sternes, K., Spallone, P., Stock, A. D., Leppert, M. & Keating, M. T. (1993) *Nat Genet* **5,** 11-16.

2. Francke, U. (1999) *Hum Mol Genet* **8,** 1947-1954.

3. Peoples, R., Franke, Y., Wang, Y. K., Perez-Jurado, L., Paperna, T., Cisco, M. & Francke, U. (2000) *Am J Hum Genet* **66,** 47-68.

4. Meng, X., Lu, X., Morris, C. A. & Keating, M. T. (1998) *Genomics* **52,** 130-137.

5. Crackower, M. A., Kolas, N. K., Noguchi, J., Sarao, R., Kikuchi, K., Kaneko, H., Kobayashi, E., Kawai, Y., Kozieradzki, I., Landers, R., Mo, R., Hui, C. C., Nieves, E., Cohen, P. E., Osborne, L. R., Wada, T., Kunieda, T., Moens, P. B. & Penninger, J. M. (2003) *Science* **300,** 1291-1295.

6. Valero, M. C., de Luis, O., Cruces, J. & Perez Jurado, L. A. (2000) *Genomics* **69,** 1-13.

7. Korenberg, J. R., Chen, X. N., Hirota, H., Lai, Z., Bellugi, U., Burian, D., Roe, B. & Matsuoka, R. (2000) *J Cogn Neurosci* **12,** 89-107.

8. Dolinski, K., and Heitman, J. (1997) *Guidebook to Molecular Chaperones and Protein Folding Catalysis* (Oxford University Press, Oxford).

9. Hunter, T. (1998) *Cell* **92,** 141-143.

10. Galat, A. (2000) *Eur J Biochem* **267,** 4945-4959.

11. Chen, Y. G., Liu, F. & Massague, J. (1997) *Embo J* **16,** 3866-3876.

12. Huse, M., Chen, Y. G., Massague, J. & Kuriyan, J. (1999) *Cell* **96,** 425-436.

13. Bose, S., Weikl, T., Bugl, H. & Buchner, J. (1996) *Science* **274,** 1715-1717. Figure 4

14. Chambraud, B., Radanyi, C., Camonis, J. H., Rajkowski, K., Schumacher, M. & Baulieu, E. E. (1999) *Proc Natl Acad Sci U S A* **96,** 2104-2109.

15.	Yang, W. M., Yao, Y. L. & Seto, E. (2001) *Embo J* **20,** 4814-4825.

16.	Zhou, X. Z., Kops, O., Werner, A., Lu, P. J., Shen, M., Stoller, G., Kullertz, G., Stark, M., Fischer, G. & Lu, K. P. (2000) *Mol Cell* **6,** 873-883.

17.	Mas, C., Guimiot, F., Bourgeois, F., Khelfaoui, M., Levacher, B. & Simonneau, M. (2000) in *Immunophilins in the brain* (Prous Science, pp. 67-74.

18.	Sumi, T., Matsumoto, K., Takai, Y. & Nakamura, T. (1999) *J Cell Biol* **147,** 1519-1532.

19.	Chevrier, V., Piel, M., Collomb, N., Saoudi, Y., Frank, R., Paintrand, M., Narumiya, S., Bornens, M. & Job, D. (2002) *J Cell Biol* **157,** 807-817.

20.	Heng, H. H., Squire, J. & Tsui, L. C. (1992) *Proc Natl Acad Sci U S A* **89,** 9509-9513.

21.	Heng, H. H. & Tsui, L. C. (1993) *Chromosoma* **102,** 325-332.

22.	McCarthy, L. C., Terrett, J., Davis, M. E., Knights, C. J., Smith, A. L., Critcher, R., Schmitt, K., Hudson, J., Spurr, N. K. & Goodfellow, P. N. (1997) *Genome Res* **7,** 1153-1161.

23.	Galat, A., Lane, W. S., Standaert, R. F. & Schreiber, S. L. (1992) *Biochemistry* **31,** 2427-2434.

24.	Galat, A. (1996) *Comput Chem* **20,** 279-281.

25.	Schaeren-Wiemers, N. & Gerfin-Moser, A. (1993) *Histochemistry* **100,** 431-440.

26.	Dauger, S., Guimiot, F., Renolleau, S., Levacher, B., Boda, B., Mas, C., Nepote, V., Simonneau, M., Gaultier, C. & Gallego, J. (2001) *Physiol Genomics* **7,** 149-157.

27.	Thompson, J. D., Higgins, D. G. & Gibson, T. J. (1994) *Nucleic Acids Res* **22,** 4673-4680.

28.	Itasaki, N., Bel-Vialar, S. & Krumlauf, R. (1999) *Nat Cell Biol* **1,** E203-207.

29.	Giudicelli, F., Taillebourg, E., Charnay, P. & Gilardi-Hebenstreit, P. (2001) *Genes Dev* **15,** 567-580.

30.	Das, A. K., Cohen, P. W. & Barford, D. (1998) *Embo J* **17,** 1192-1199.

31. Radanyi, C., Chambraud, B. & Baulieu, E. E. (1994) *Proc Natl Acad Sci U S A* **91,** 11197-11201.

32. Ratajczak, T. & Carrello, A. (1996) *J Biol Chem* **271,** 2961-2965.

33. Faulkner, N. E., Dujardin, D. L., Tai, C. Y., Vaughan, K. T., O'Connell, C. B., Wang, Y. & Vallee, R. B. (2000) *Nat Cell Biol* **2,** 784-791.

34. Chu, Y. W., Wang, R., Schmid, I. & Sakamoto, K. M. (1999) *Cytometry* **36,** 333-339.

35. Sumi, T., Matsumoto, K. & Nakamura, T. (2001) *J Biol Chem* **276,** 670-676.

36. Khelfaoui, M., Guimiot, F. & Simonneau, M. (2002) *Neuroreport* **13,** 1209-1214.

37. Zhong, W., Jiang, M. M., Schonemann, M. D., Meneses, J. J., Pedersen, R. A., Jan, L. Y. & Jan, Y. N. (2000) *Proc Natl Acad Sci U S A* **97,** 6844-6849.

38. Starborg, M., Gell, K., Brundell, E. & Hoog, C. (1996) *J Cell Sci* **109 (Pt 1),** 143-153.

39. Lee, M. K., Tuttle, J. B., Rebhun, L. I., Cleveland, D. W. & Frankfurter, A. (1990) *Cell Motil Cytoskeleton* **17,** 118-132.

40. Francis, F., Koulakoff, A., Boucher, D., Chafey, P., Schaar, B., Vinet, M. C., Friocourt, G., McDonnell, N., Reiner, O., Kahn, A., McConnell, S. K., Berwald-Netter, Y., Denoulet, P. & Chelly, J. (1999) *Neuron* **23,** 247-256.

41. Lamar, E., Kintner, C. & Goulding, M. (2001) *Development* **128,** 1335-1346.

42. Botta, A., Sangiuolo, F., Calza, L., Giardino, L., Potenza, S., Novelli, G. & Dallapiccola, B. (1999) *Genomics* **62,** 525-528.

43. Tassabehji, M., Metcalfe, K., Karmiloff-Smith, A., Carette, M. J., Grant, J., Dennis, N., Reardon, W., Splitt, M., Read, A. P. & Donnai, D. (1999) *Am J Hum Genet* **64,** 118-125.

44. Bellugi, U., Lichtenberger, L., Mills, D., Galaburda, A. & Korenberg, J. R. (1999) *Trends Neurosci* **22,** 197-207.

45. Frangiskakis, J. M., Ewart, A. K., Morris, C. A., Mervis, C. B., Bertrand, J., Robinson, B. F., Klein, B. P., Ensing, G. J., Everett, L. A., Green, E. D., Proschel, C., Gutowski, N. J.,

Noble, M., Atkinson, D. L., Odelberg, S. J. & Keating, M. T. (1996) *Cell* **86,** 59-69.

46. Hoogenraad, C. C., Koekkoek, B., Akhmanova, A., Krugers, H., Dortland, B., Miedema, M., van Alphen, A., Kistler, W. M., Jaegle, M., Koutsourakis, M., Van Camp, N., Verhoye, M., van der Linden, A., Kaverina, I., Grosveld, F., De Zeeuw, C. I. & Galjart, N. (2002) *Nat Genet* **32,** 116-127.

47. Bellugi, U., Lichtenberger, L., Jones, W., Lai, Z. & St George, M. (2000) *J Cogn Neurosci* **12,** 7-29.

48. Molnar, Z., Adams, R., Goffinet, A. M. & Blakemore, C. (1998) *J Neurosci* **18,** 5746-5765.

49. Tuttle, R., Nakagawa, Y., Johnson, J. E. & O'Leary, D. D. (1999) *Development* **126,** 1903-1916.

50. Jin, Y. J. & Burakoff, S. J. (1993) *Proc Natl Acad Sci U S A* **90,** 7769-7773.

51. Perrot-Applanat, M., Cibert, C., Geraud, G., Renoir, J. M. & Baulieu, E. E. (1995) *J Cell Sci* **108 (Pt 5),** 2037-2051.

52. Doxsey, S. (2001) *Nat Rev Mol Cell Biol* **2,** 688-698.

53. Caviness, V. S., Takahashi, T., Nowakowski, R.S. (1997) *Cell proliferation in cortical development* (Springer-Verlag, Berlin).

54. Shen, Q., Zhong, W., Jan, Y. N. & Temple, S. (2002) *Development* **129,** 4843-4853.

55. Bond, J., Roberts, E., Mochida, G. H., Hampshire, D. J., Scott, S., Askham, J. M., Springell, K., Mahadevan, M., Crow, Y. J., Markham, A. F., Walsh, C. A. & Woods, C. G. (2002) *Nat Genet* **32,** 316-320.

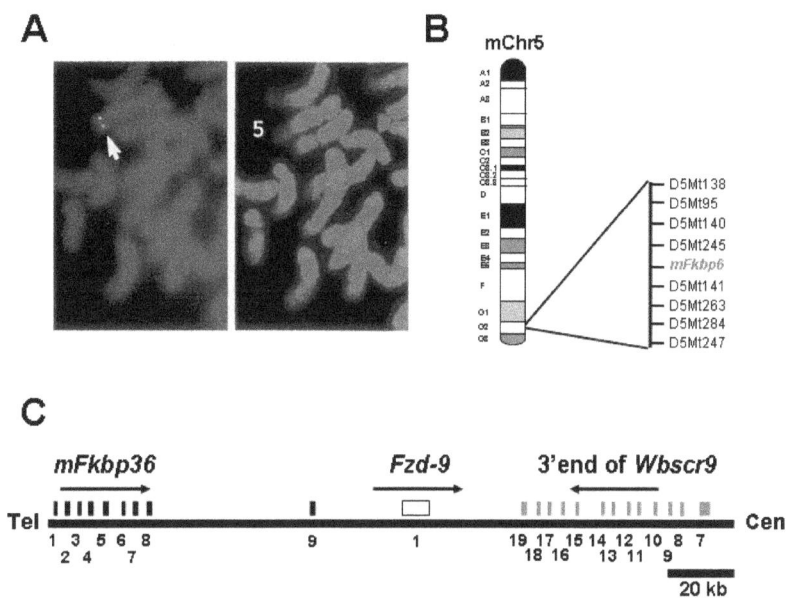

Figure 1

A

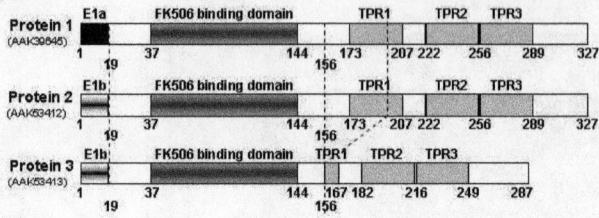

B

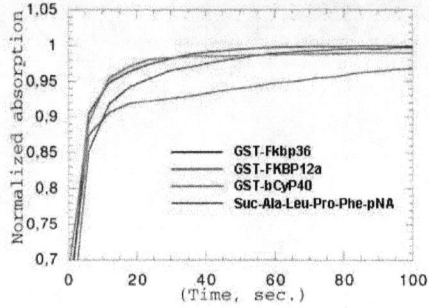

Figure 2

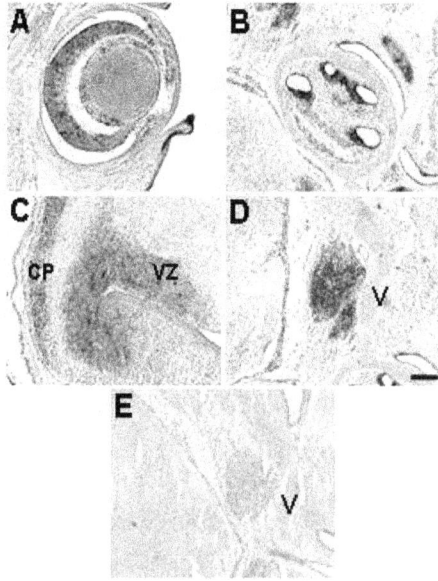

Figure 3

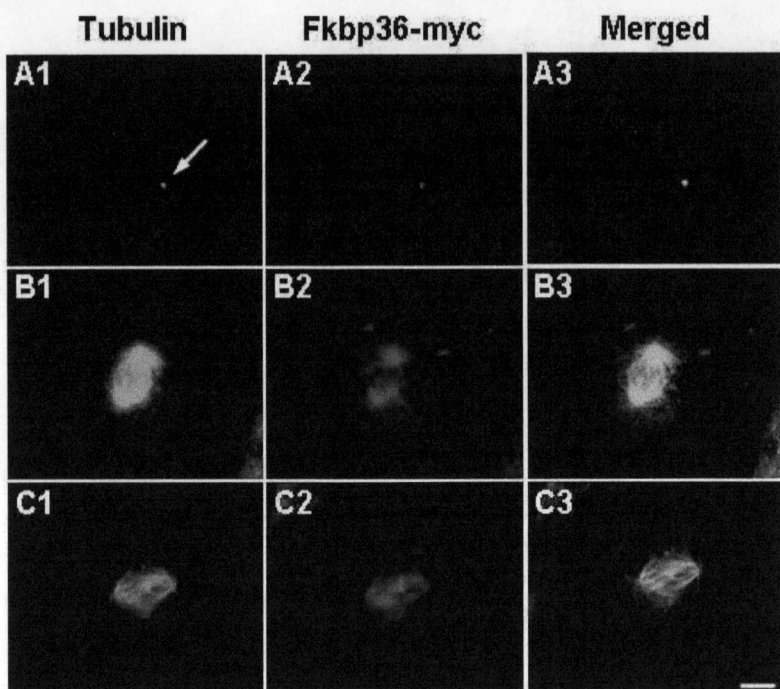

Tubulin	Fkbp36-myc	Merged
A1	A2	A3
B1	B2	B3
C1	C2	C3

Figure 4

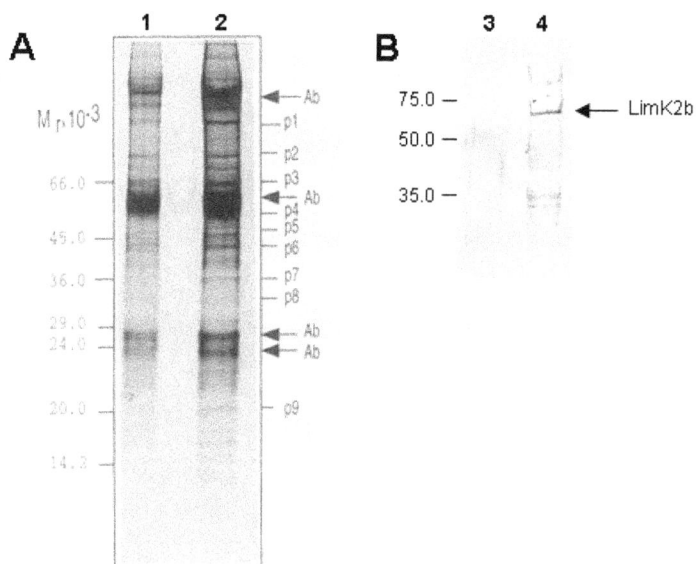

Figure 5

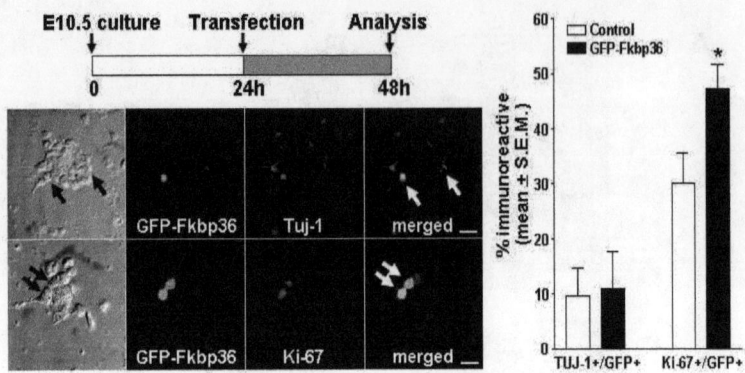

Figure 6

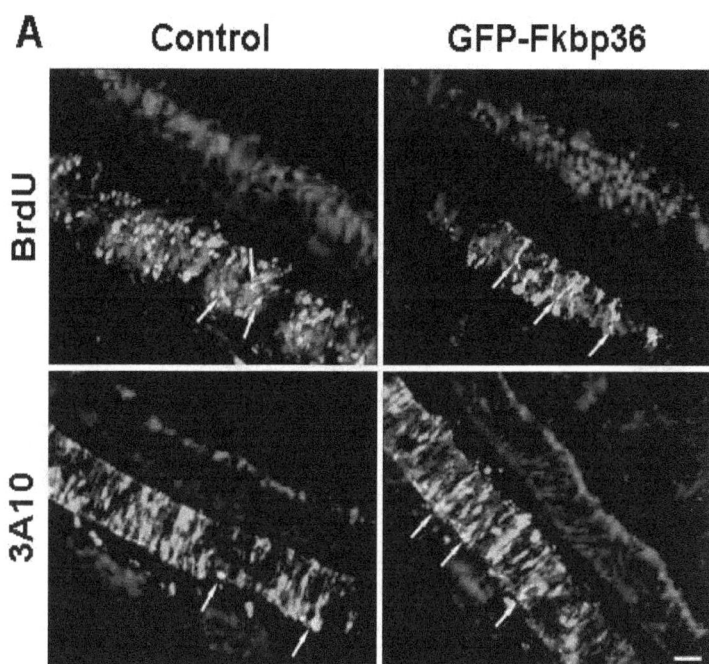

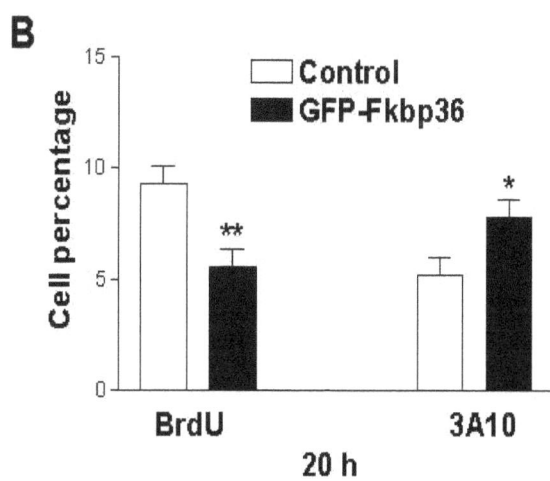

A

Control   GFP-Fkbp36

BrdU

3A10

B

Cell percentage

Control
GFP-Fkbp36

15

10

**

*

5

0

BrdU   3A10

20 h

Figure 7

CONCLUSIONS ET PERSPECTIVES

Les études fonctionnelles des gènes codant les immunophilines Fkbp25 et Fkbp36 nous ont permis d'obtenir des résultats nouveaux.

Pour Fkbp25, j'ai pu montrer que :

1) Le gène *Fkbp25* s'exprime lors du développement cortical i) dans les cellules souches à E10.5 ii) dans les cellules souches et dans les cellules post mitotiques de la plaque corticale ;

2) La protéine Fkbp25 se co-localise avec la protéine de l'X fragile, FMRP, et est identifiée dans l'immunoprécipitat du complexe FMRP, à E10.5 et à E15 ;

3) La protéine Fkbp25 se localise au niveau du centrosome et du fuseau mitotique ;

4) La surexpression du gène Fkbp25 entraîne une augmentation du nombre de division des cellules souches corticales, au début de la corticogenèse, puis une augmentation des dérivés neuronaux et de leur croissance dendritique en fin de corticogenèse.

Ces données sont en accord avec l'hypothèse de Joel Richter (2001) présentée dans Proc. Natl. Acad. Sci. 'Think globally, translate locally: what mitotic spindles and neuronal synapses have in common'. On aurait dans la cellule des 'RNA granules' permettant une traduction locale de protéines à des endroits clés et à des moments clés : par exemple lors de la division cellulaire, par exemple lors de l'activité synaptique au niveau des dendrites.

Ces résultats montrent également l'existence d'un RNA granule dépendant de FMRP lors du développement neuronal, puisque l'on peut réaliser des immunoprécipitations à E10.5, à partir des cellules souches corticales. Ce résultat pose la question de la différence qualitative en contenu en ARN messagers, entre un granule 'embryonnaire' et un granule 'adulte'. On peut, en effet, considérer que certains ARN messagers seraient présents que dans le granule 'embryonnaire' si leur patron d'expression est lié au développement (par exemple, pour un gène ayant un pic d'expression à E10.5 ou à E15 et peu d'expression postnatale). On pourrait ainsi caractériser un nouveau 'sous-groupe' (cluster) d'ARNs messagers impliqués dans le développement neuronal spécifique du développement neuronal. Ce type de résultats ouvre donc la voie à un champ d'études important.

Ces données sur Fkbp25 restent partielles avec divers points à préciser :

i)   Quelle est la spécificité de l'effet étudié : est ce que Fkbp12, par exemple, peut donner les mêmes changements phénotypiques que Fkbp25 ? Cette approche nécessitera de réaliser des protéines tronquées et/ou chimères pour préciser le ou les domaines responsables.

ii)   Quels sont les interacteurs de Fkbp25 ? Cette question est en cours d'étude au laboratoire, par une approche double-hybride, menée dans le cadre du projet Drosoman, avec la Société Hybrigenics.

Pour Fkbp36, trois types de résultats ont été obtenus :

- Le gène *Fkbp36* a un patron d'expression extrêmement restreint dans le temps et dans l'espace au niveau du cerveau embryonnaire (E15, dérivés sensoriels et cellules de la zone ventriculaire du cortex) ;

- Le gène *Fkbp36* module la division cellulaire des cellules souches corticales ;

-La protéine Fkbp36 fait partie d'un complexe protéique avec la Lim Kinase 2b

Ces données suggèrent une interaction de la protéine Fkbp36 avec une voie de régulation de l'actine. Ce gène, qui est délété dans le syndrome de Williams-Beuren, pourrait être responsable de certains signes phénotypiques des anomalies cognitives visio-spatiales.

A partir de ces résultats, trois perspectives complémentaires de recherche pourront être poursuivies :

Analyse des souris knockout

Très récemment, ont été mises au point des souris knockout pour *Fkbp25* et pour *Fkbp36*. La culture de neurones isolés de ces souris doit permettre de comprendre le rôle de ces deux immunophilines. L'étude comportementale et électrophysiologique des souris doit également montrer ou non l'existence d'anomalies synaptiques. Comme pour les anomalies de FMRP (X fragile) ou de la Lim Kinase, on peut s'attendre à des modifications de la plasticité synaptique (anomalie de la dépression à long terme pour le modèle murin de l'X fragile anomalie, et de la potentialisation à long terme pour la souris Lim Kinase 1 -/-).

Knockout conditionnels

Il sera important de réaliser des knockouts conditionnels de ces gènes en combinant une souris 'loxée' avec une souris 'cre' permettant l'expression de cette recombinase soit à E10.5 soit à E15. Une stratégie similaire a été développée par le laboratoire pour diriger l'expression de la recombinase dans le système nerveux périphérique (392).

REFERENCES BIBLIOGRAPHIQUES

1. **Ahn, J., M. Murphy, S. Kratowicz, A. Wang, A. J. Levine, and D. L. George.** 1999. Down-regulation of the stathmin/Op18 and FKBP25 genes following p53 induction. Oncogene **18**:5954-8.

2. **Ainger, K., D. Avossa, F. Morgan, S. J. Hill, C. Barry, E. Barbarese, and J. H. Carson.** 1993. Transport and localization of exogenous myelin basic protein mRNA microinjected into oligodendrocytes. J Cell Biol **123**:431-41.

3. **Alarcon, C. M., M. E. Cardenas, and J. Heitman.** 1996. Mammalian RAFT1 kinase domain provides rapamycin-sensitive TOR function in yeast. Genes Dev **10**:279-88.

4. **Alarcon, C. M., J. Heitman, and M. E. Cardenas.** 1999. Protein kinase activity and identification of a toxic effector domain of the target of rapamycin TOR proteins in yeast. Mol Biol Cell **10**:2531-46.

5. **Alvarez, L. A., T. Yamamoto, B. Wong, T. J. Resnick, J. F. Llena, and S. L. Moshe.** 1986. Miller-Dieker syndrome: a disorder affecting specific pathways of neuronal migration. Neurology **36**:489-93.

6. **Anderson, D. J.** 2001. Stem cells and pattern formation in the nervous system: the possible versus the actual. Neuron **30**:19-35.

7. **Anderson, R. G., and R. M. Brenner.** 1971. The formation of basal bodies (centrioles) in the Rhesus monkey oviduct. J Cell Biol **50**:10-34.

8. **Andersson, T., S. Borang, P. Unneberg, V. Wirta, A. Thelin, J. Lundeberg, and J. Odeberg.** 2003. Shotgun sequencing and microarray analysis of RDA transcripts. Gene **310**:39-47.

9. **Andrieux, A., P. A. Salin, M. Vernet, P. Kujala, J. Baratier, S. Gory-Faure, C. Bosc, H. Pointu, D. Proietto, A. Schweitzer, E. Denarier, J. Klumperman, and D. Job.** 2002. The suppression of brain cold-stable microtubules in mice induces synaptic defects associated with neuroleptic-sensitive behavioral disorders. Genes Dev **16**:2350-64.

10. **Antar, L. N., and G. J. Bassell.** 2003. Sunrise at the synapse: the FMRP mRNP shaping the synaptic interface. Neuron **37:**555-8.

11. **Anton, E. S., J. A. Kreidberg, and P. Rakic.** 1999. Distinct functions of alpha3 and alpha(v) integrin receptors in neuronal migration and laminar organization of the cerebral cortex. Neuron **22:**277-89.

12. **Aronov, S., G. Aranda, L. Behar, and I. Ginzburg.** 2002. Visualization of translated tau protein in the axons of neuronal P19 cells and characterization of tau RNP granules. J Cell Sci **115:**3817-27.

13. **Ashley, C. T., Jr., K. D. Wilkinson, D. Reines, and S. T. Warren.** 1993. FMR1 protein: conserved RNP family domains and selective RNA binding. Science **262:**563-6.

14. **Axel, R., P. Feigelson, and G. Schutz.** 1976. Analysis of the complexity and diversity of mRNA from chicken liver and oviduct. Cell **7:**247-54.

15. **Balczon, R., C. E. Varden, and T. A. Schroer.** 1999. Role for microtubules in centrosome doubling in Chinese hamster ovary cells. Cell Motil Cytoskeleton **42:**60-72.

16. **Barbet, N. C., U. Schneider, S. B. Helliwell, I. Stansfield, M. F. Tuite, and M. N. Hall.** 1996. TOR controls translation initiation and early G1 progression in yeast. Mol Biol Cell **7:**25-42.

17. **Barbosa, V., M. Gatt, E. Rebollo, C. Gonzalez, and D. M. Glover.** 2003. Drosophila dd4 mutants reveal that gammaTuRC is required to maintain juxtaposed half spindles in spermatocytes. J Cell Sci **116:**929-41.

18. **Bardoni, B., M. Castets, M. E. Huot, A. Schenck, S. Adinolfi, F. Corbin, A. Pastore, E. W. Khandjian, and J. L. Mandel.** 2003. 82-FIP, a novel FMRP (fragile X mental retardation protein) interacting protein, shows a cell cycle-dependent intracellular localization. Hum Mol Genet **12:**1689-98.

19. **Bardoni, B., S. Giglio, A. Schenck, M. Rocchi, and J. L. Mandel.** 2000. Assignment of NUFIP1 (nuclear FMRP

interacting protein 1) gene to chromosome 13q14 and assignment of a pseudogene to chromosome 6q12. Cytogenet Cell Genet **89:**11-3.

20. **Bardoni, B., and J. L. Mandel.** 2002. Advances in understanding of fragile X pathogenesis and FMRP function, and in identification of X linked mental retardation genes. Curr Opin Genet Dev **12:**284-93.

21. **Bardoni, B., A. Schenck, and J. L. Mandel.** 1999. A novel RNA-binding nuclear protein that interacts with the fragile X mental retardation (FMR1) protein. Hum Mol Genet **8:**2557-66.

22. **Bardoni, B., R. Willemsen, I. J. Weiler, A. Schenck, L. A. Severijnen, C. Hindelang, E. Lalli, and J. L. Mandel.** 2003. NUFIP1 (nuclear FMRP interacting protein 1) is a nucleocytoplasmic shuttling protein associated with active synaptoneurosomes. Exp Cell Res **289:**95-107.

23. **Barent, R. L., S. C. Nair, D. C. Carr, Y. Ruan, R. A. Rimerman, J. Fulton, Y. Zhang, and D. F. Smith.** 1998. Analysis of FKBP51/FKBP52 chimeras and mutants for Hsp90 binding and association with progesterone receptor complexes. Mol Endocrinol **12:**342-54.

24. **Baron, M.** 2001. Genetics of schizophrenia and the new millennium: progress and pitfalls. Am J Hum Genet **68:**299-312.

25. **Baughman, G., G. J. Wiederrecht, N. F. Campbell, M. M. Martin, and S. Bourgeois.** 1995. FKBP51, a novel T-cell-specific immunophilin capable of calcineurin inhibition. Mol Cell Biol **15:**4395-402.

26. **Beckwith, S. M., C. H. Roghi, B. Liu, and N. Ronald Morris.** 1998. The "8-kD" cytoplasmic dynein light chain is required for nuclear migration and for dynein heavy chain localization in Aspergillus nidulans. J Cell Biol **143:**1239-47.

27. **Bellugi, U., L. Lichtenberger, D. Mills, A. Galaburda, and J. R. Korenberg.** 1999. Bridging cognition, the brain and molecular genetics: evidence from Williams syndrome. Trends Neurosci **22:**197-207.

28. **Berset, C., H. Trachsel, and M. Altmann.** 1998. The TOR (target of rapamycin) signal transduction pathway regulates the stability of translation initiation factor eIF4G in the yeast Saccharomyces cerevisiae. Proc Natl Acad Sci U S A **95**:4264-9.

29. **Bertrand, E., F. Houser-Scott, A. Kendall, R. H. Singer, and D. R. Engelke.** 1998. Nucleolar localization of early tRNA processing. Genes Dev **12**:2463-8.

30. **Bishop, J. O., J. G. Morton, M. Rosbash, and M. Richardson.** 1974. Three abundance classes in HeLa cell messenger RNA. Nature **250**:199-204.

31. **Bond, J., E. Roberts, G. H. Mochida, D. J. Hampshire, S. Scott, J. M. Askham, K. Springell, M. Mahadevan, Y. J. Crow, A. F. Markham, C. A. Walsh, and C. G. Woods.** 2002. ASPM is a major determinant of cerebral cortical size. Nat Genet **32**:316-20.

32. **Bosc, C., J. D. Cronk, F. Pirollet, D. M. Watterson, J. Haiech, D. Job, and R. L. Margolis.** 1996. Cloning, expression, and properties of the microtubule-stabilizing protein STOP. Proc Natl Acad Sci U S A **93**:2125-30.

33. **Bose, S., T. Weikl, H. Bugl, and J. Buchner.** 1996. Chaperone function of Hsp90-associated proteins. Science **274**:1715-7.

34. **Boveri, T., and Z. II.** 1888. Die Befruchtung und Teilung des Eies von Ascaris megalocephala. Jena Zeit. Naturw **22**:685–882.

35. **Bradke, F., and C. G. Dotti.** 2000. Differentiated neurons retain the capacity to generate axons from dendrites. Curr Biol **10**:1467-70.

36. **Brandes, C., S. Novak, W. Stockinger, J. Herz, W. J. Schneider, and J. Nimpf.** 1997. Avian and murine LR8B and human apolipoprotein E receptor 2: differentially spliced products from corresponding genes. Genomics **42**:185-91.

37. **Brillantes, A. B., K. Ondrias, A. Scott, E. Kobrinsky, E. Ondriasova, M. C. Moschella, T. Jayaraman, M. Landers, B. E. Ehrlich, and A. R. Marks.** 1994. Stabilization of calcium

release channel (ryanodine receptor) function by FK506-binding protein. Cell **77:**513-23.

38. **Brown, E. J., M. W. Albers, T. B. Shin, K. Ichikawa, C. T. Keith, W. S. Lane, and S. L. Schreiber.** 1994. A mammalian protein targeted by G1-arresting rapamycin-receptor complex. Nature **369:**756-8.

39. **Brown, V., P. Jin, S. Ceman, J. C. Darnell, W. T. O'Donnell, S. A. Tenenbaum, X. Jin, Y. Feng, K. D. Wilkinson, J. D. Keene, R. B. Darnell, and S. T. Warren.** 2001. Microarray identification of FMRP-associated brain mRNAs and altered mRNA translational profiles in fragile X syndrome. Cell **107:**477-87.

40. **Brunn, G. J., C. C. Hudson, A. Sekulic, J. M. Williams, H. Hosoi, P. J. Houghton, J. C. Lawrence, Jr., and R. T. Abraham.** 1997. Phosphorylation of the translational repressor PHAS-I by the mammalian target of rapamycin. Science **277:**99-101.

41. **Buchanan, R. W., and W. T. Carpenter, Jr.** 1997. The neuroanatomies of schizophrenia. Schizophr Bull **23:**367-72.

42. **Burd, C. G., and G. Dreyfuss.** 1994. Conserved structures and diversity of functions of RNA-binding proteins. Science **265:**615-21.

43. **Burgess, H. A., and O. Reiner.** 2000. Doublecortin-like kinase is associated with microtubules in neuronal growth cones. Mol Cell Neurosci **16:**529-41.

44. **Burnett, P. E., R. K. Barrow, N. A. Cohen, S. H. Snyder, and D. M. Sabatini.** 1998. RAFT1 phosphorylation of the translational regulators p70 S6 kinase and 4E-BP1. Proc Natl Acad Sci U S A **95:**1432-7.

45. **Cahana, A., T. Escamez, R. S. Nowakowski, N. L. Hayes, M. Giacobini, A. von Holst, O. Shmueli, T. Sapir, S. K. McConnell, W. Wurst, S. Martinez, and O. Reiner.** 2001. Targeted mutagenesis of Lis1 disrupts cortical development and LIS1 homodimerization. Proc Natl Acad Sci U S A **98:**6429-34.

46. **Cameron, A. M., F. C. Nucifora, Jr., E. T. Fung, D. J. Livingston, R. A. Aldape, C. A. Ross, and S. H. Snyder.** 1997. FKBP12 binds the inositol 1,4,5-trisphosphate receptor at leucine-proline (1400-1401) and anchors calcineurin to this FK506-like domain. J Biol Chem **272:**27582-8.

47. **Cardenas, M. E., M. C. Cruz, M. Del Poeta, N. Chung, J. R. Perfect, and J. Heitman.** 1999. Antifungal activities of antineoplastic agents: Saccharomyces cerevisiae as a model system to study drug action. Clin Microbiol Rev **12:**583-611.

48. **Carmena, M., M. G. Riparbelli, G. Minestrini, A. M. Tavares, R. Adams, G. Callaini, and D. M. Glover.** 1998. Drosophila polo kinase is required for cytokinesis. J Cell Biol **143:**659-71.

49. **Caspi, M., R. Atlas, A. Kantor, T. Sapir, and O. Reiner.** 2000. Interaction between LIS1 and doublecortin, two lissencephaly gene products. Hum Mol Genet **9:**2205-13.

50. **Caviness, V. S., Jr.** 1982. Neocortical histogenesis in normal and reeler mice: a developmental study based upon [3H]thymidine autoradiography. Brain Res **256:**293-302.

51. **Caviness, V. S., Jr., T. Takahashi, and R. S. Nowakowski.** 1995. Numbers, time and neocortical neuronogenesis: a general developmental and evolutionary model. Trends Neurosci **18:**379-83.

52. **Caviness, V. S., Takahashi, T., Nowakowski, R.S.** 1997. Cell proliferation in cortical development, p. 1-24. *In* Y. C. A.M. Galaburda (ed.), Normal and Abnormal Development of the Cortex. Springer-Verlag, Berlin.

53. **Chae, T., Y. T. Kwon, R. Bronson, P. Dikkes, E. Li, and L. H. Tsai.** 1997. Mice lacking p35, a neuronal specific activator of Cdk5, display cortical lamination defects, seizures, and adult lethality. Neuron **18:**29-42.

54. **Chambraud, B., C. Radanyi, J. H. Camonis, K. Rajkowski, M. Schumacher, and E. E. Baulieu.** 1999. Immunophilins, Refsum disease, and lupus nephritis: the peroxisomal enzyme phytanoyl-COA alpha-hydroxylase is a new FKBP-associated protein. Proc Natl Acad Sci U S A **96:**2104-9.

55. **Chambraud, B., C. Radanyi, J. H. Camonis, K. Shazand, K. Rajkowski, and E. E. Baulieu.** 1996. FAP48, a new protein that forms specific complexes with both immunophilins FKBP59 and FKBP12. Prevention by the immunosuppressant drugs FK506 and rapamycin. J Biol Chem **271:**32923-9.

56. **Chang, P., T. H. Giddings, Jr., M. Winey, and T. Stearns.** 2003. Epsilon-tubulin is required for centriole duplication and microtubule organization. Nat Cell Biol **5:**71-6.

57. **Chen, J., Y. Kanai, N. J. Cowan, and N. Hirokawa.** 1992. Projection domains of MAP2 and tau determine spacings between microtubules in dendrites and axons. Nature **360:**674-7.

58. **Chen, Y. G., F. Liu, and J. Massague.** 1997. Mechanism of TGFbeta receptor inhibition by FKBP12. Embo J **16:**3866-76.

59. **Chenn, A., and S. K. McConnell.** 1995. Cleavage orientation and the asymmetric inheritance of Notch1 immunoreactivity in mammalian neurogenesis. Cell **82:**631-41.

60. **Chevrier, V., M. Piel, N. Collomb, Y. Saoudi, R. Frank, M. Paintrand, S. Narumiya, M. Bornens, and D. Job.** 2002. The Rho-associated protein kinase p160ROCK is required for centrosome positioning. J Cell Biol **157:**807-17.

61. **Clute, P., and J. Pines.** 1999. Temporal and spatial control of cyclin B1 destruction in metaphase. Nat Cell Biol **1:**82-7.

62. **Cockell, M. M., and S. M. Gasser.** 1999. The nucleolus: nucleolar space for RENT. Curr Biol **9:**R575-6.

63. **Coller, H. A., C. Grandori, P. Tamayo, T. Colbert, E. S. Lander, R. N. Eisenman, and T. R. Golub.** 2000. Expression analysis with oligonucleotide microarrays reveals that MYC regulates genes involved in growth, cell cycle, signaling, and adhesion. Proc Natl Acad Sci U S A **97:**3260-5.

64. **Compton, D. A.** 2000. Spindle assembly in animal cells. Annu Rev Biochem **69:**95-114.

65. **Coquelle, F. M., M. Caspi, F. P. Cordelieres, J. P. Dompierre, D. L. Dujardin, C. Koifman, P. Martin, C. C. Hoogenraad, A. Akhmanova, N. Galjart, J. R. De Mey, and**

O. Reiner. 2002. LIS1, CLIP-170's key to the dynein/dynactin pathway. Mol Cell Biol **22**:3089-102.

66. **Crackower, M. A., N. K. Kolas, J. Noguchi, R. Sarao, K. Kikuchi, H. Kaneko, E. Kobayashi, Y. Kawai, I. Kozieradzki, R. Landers, R. Mo, C. C. Hui, E. Nieves, P. E. Cohen, L. R. Osborne, T. Wada, T. Kunieda, P. B. Moens, and J. M. Penninger.** 2003. Essential role of Fkbp6 in male fertility and homologous chromosome pairing in meiosis. Science **300**:1291-5.

67. **Cullen, C. F., P. Deak, D. M. Glover, and H. Ohkura.** 1999. mini spindles: A gene encoding a conserved microtubule-associated protein required for the integrity of the mitotic spindle in Drosophila. J Cell Biol **146**:1005-18.

68. **Czar, M. J., R. H. Lyons, M. J. Welsh, J. M. Renoir, and W. B. Pratt.** 1995. Evidence that the FK506-binding immunophilin heat shock protein 56 is required for trafficking of the glucocorticoid receptor from the cytoplasm to the nucleus. Mol Endocrinol **9**:1549-60.

69. **Czar, M. J., J. K. Owens-Grillo, A. W. Yem, K. L. Leach, M. R. Deibel, Jr., M. J. Welsh, and W. B. Pratt.** 1994. The hsp56 immunophilin component of untransformed steroid receptor complexes is localized both to microtubules in the cytoplasm and to the same nonrandom regions within the nucleus as the steroid receptor. Mol Endocrinol **8**:1731-41.

70. **Dammermann, A., and A. Merdes.** 2002. Assembly of centrosomal proteins and microtubule organization depends on PCM-1. J Cell Biol **159**:255-66.

71. **D'Arcangelo, G., R. Homayouni, L. Keshvara, D. S. Rice, M. Sheldon, and T. Curran.** 1999. Reelin is a ligand for lipoprotein receptors. Neuron **24**:471-9.

72. **D'Arcangelo, G., G. G. Miao, S. C. Chen, H. D. Soares, J. I. Morgan, and T. Curran.** 1995. A protein related to extracellular matrix proteins deleted in the mouse mutant reeler. Nature **374**:719-23.

73. **Darnell, J. C., K. B. Jensen, P. Jin, V. Brown, S. T. Warren, and R. B. Darnell.** 2001. Fragile X mental retardation protein

targets G quartet mRNAs important for neuronal function. Cell **107**:489-99.

74. **Das, A. K., P. W. Cohen, and D. Barford.** 1998. The structure of the tetratricopeptide repeats of protein phosphatase 5: implications for TPR-mediated protein-protein interactions. Embo J **17**:1192-9.

75. **de Carcer, G., M. do Carmo Avides, M. J. Lallena, D. M. Glover, and C. Gonzalez.** 2001. Requirement of Hsp90 for centrosomal function reflects its regulation of Polo kinase stability. Embo J **20**:2878-84.

76. **Deivanayagam, C. C., M. Carson, A. Thotakura, S. V. Narayana, and R. S. Chodavarapu.** 2000. Structure of FKBP12.6 in complex with rapamycin. Acta Crystallogr D Biol Crystallogr **56 (Pt 3)**:266-71.

77. **del Rio, J. A., A. Martinez, M. Fonseca, C. Auladell, and E. Soriano.** 1995. Glutamate-like immunoreactivity and fate of Cajal-Retzius cells in the murine cortex as identified with calretinin antibody. Cereb Cortex **5**:13-21.

78. **Denarier, E., M. Aguezzoul, C. Jolly, C. Vourc'h, A. Roure, A. Andrieux, C. Bosc, and D. Job.** 1998. Genomic structure and chromosomal mapping of the mouse STOP gene (Mtap6). Biochem Biophys Res Commun **243**:791-6.

79. **Denarier, E., A. Fourest-Lieuvin, C. Bosc, F. Pirollet, A. Chapel, R. L. Margolis, and D. Job.** 1998. Nonneuronal isoforms of STOP protein are responsible for microtubule cold stability in mammalian fibroblasts. Proc Natl Acad Sci U S A **95**:6055-60.

80. **des Portes, V., F. Francis, J. M. Pinard, I. Desguerre, M. L. Moutard, I. Snoeck, L. C. Meiners, F. Capron, R. Cusmai, S. Ricci, J. Motte, B. Echenne, G. Ponsot, O. Dulac, J. Chelly, and C. Beldjord.** 1998. doublecortin is the major gene causing X-linked subcortical laminar heterotopia (SCLH). Hum Mol Genet **7**:1063-70.

81. **Diviani, D., L. K. Langeberg, S. J. Doxsey, and J. D. Scott.** 2000. Pericentrin anchors protein kinase A at the centrosome

through a newly identified RII-binding domain. Curr Biol **10**:417-20.

82. **do Carmo Avides, M., and D. M. Glover.** 1999. Abnormal spindle protein, Asp, and the integrity of mitotic centrosomal microtubule organizing centers. Science **283**:1733-5.

83. **Dobyns, W. B., O. Reiner, R. Carrozzo, and D. H. Ledbetter.** 1993. Lissencephaly. A human brain malformation associated with deletion of the LIS1 gene located at chromosome 17p13. Jama **270**:2838-42.

84. **Dolinski, K., and Heitman, J.** 1997. Guidebook to Molecular Chaperones and Protein Folding Catalysis. Oxford University Press, Oxford.

85. **Doxsey, S.** 2001. Re-evaluating centrosome function. Nat Rev Mol Cell Biol **2**:688-98.

86. **Drechsel, D. N., A. A. Hyman, M. H. Cobb, and M. W. Kirschner.** 1992. Modulation of the dynamic instability of tubulin assembly by the microtubule-associated protein tau. Mol Biol Cell **3**:1141-54.

87. **Dulabon, L., E. C. Olson, M. G. Taglienti, S. Eisenhuth, B. McGrath, C. A. Walsh, J. A. Kreidberg, and E. S. Anton.** 2000. Reelin binds alpha3beta1 integrin and inhibits neuronal migration. Neuron **27**:33-44.

88. **Dutcher, S. K.** 2001. Motile organelles: the importance of specific tubulin isoforms. Curr Biol **11**:R419-22.

89. **Dutcher, S. K., N. S. Morrissette, A. M. Preble, C. Rackley, and J. Stanga.** 2002. Epsilon-tubulin is an essential component of the centriole. Mol Biol Cell **13**:3859-69.

90. **Dutcher, S. K., and E. C. Trabuco.** 1998. The UNI3 gene is required for assembly of basal bodies of Chlamydomonas and encodes delta-tubulin, a new member of the tubulin superfamily. Mol Biol Cell **9**:1293-308.

91. **Edlund, T., and T. M. Jessell.** 1999. Progression from extrinsic to intrinsic signaling in cell fate specification: a view from the nervous system. Cell **96**:211-24.

92. **Efimov, V. P., and N. R. Morris.** 2000. The LIS1-related NUDF protein of Aspergillus nidulans interacts with the coiled-coil domain of the NUDE/RO11 protein. J Cell Biol **150**:681-8.

93. **Ewart, A. K., C. A. Morris, D. Atkinson, W. Jin, K. Sternes, P. Spallone, A. D. Stock, M. Leppert, and M. T. Keating.** 1993. Hemizygosity at the elastin locus in a developmental disorder, Williams syndrome. Nat Genet **5**:11-6.

94. **Faulkner, N. E., D. L. Dujardin, C. Y. Tai, K. T. Vaughan, C. B. O'Connell, Y. Wang, and R. B. Vallee.** 2000. A role for the lissencephaly gene LIS1 in mitosis and cytoplasmic dynein function. Nat Cell Biol **2**:784-91.

95. **Feng, Y., C. A. Gutekunst, D. E. Eberhart, H. Yi, S. T. Warren, and S. M. Hersch.** 1997. Fragile X mental retardation protein: nucleocytoplasmic shuttling and association with somatodendritic ribosomes. J Neurosci **17**:1539-47.

96. **Feng, Y., E. C. Olson, P. T. Stukenberg, L. A. Flanagan, M. W. Kirschner, and C. A. Walsh.** 2000. LIS1 regulates CNS lamination by interacting with mNudE, a central component of the centrosome. Neuron **28**:665-79.

97. **Ferrandon, D., L. Elphick, C. Nusslein-Volhard, and D. St Johnston.** 1994. Staufen protein associates with the 3'UTR of bicoid mRNA to form particles that move in a microtubule-dependent manner. Cell **79**:1221-32.

98. **Fleck, M. W., S. Hirotsune, M. J. Gambello, E. Phillips-Tansey, G. Suares, R. F. Mervis, A. Wynshaw-Boris, and C. J. McBain.** 2000. Hippocampal abnormalities and enhanced excitability in a murine model of human lissencephaly. J Neurosci **20**:2439-50.

99. **Flemming, W.** 1875. Studien über die Entwicklungsgeschichte der Najaden. Sitzungsber Akad Wissensch Wien **71**:81-147.

100. **Forristall, C., M. Pondel, L. Chen, and M. L. King.** 1995. Patterns of localization and cytoskeletal association of two vegetally localized RNAs, Vg1 and Xcat-2. Development **121**:201-8.

101. **Fox, J. W., E. D. Lamperti, Y. Z. Eksioglu, S. E. Hong, Y. Feng, D. A. Graham, I. E. Scheffer, W. B. Dobyns, B. A.**

Hirsch, R. A. Radtke, S. F. Berkovic, P. R. Huttenlocher, and C. A. Walsh. 1998. Mutations in filamin 1 prevent migration of cerebral cortical neurons in human periventricular heterotopia. Neuron **21**:1315-25.

102. **Francis, F., A. Koulakoff, D. Boucher, P. Chafey, B. Schaar, M. C. Vinet, G. Friocourt, N. McDonnell, O. Reiner, A. Kahn, S. K. McConnell, Y. Berwald-Netter, P. Denoulet, and J. Chelly.** 1999. Doublecortin is a developmentally regulated, microtubule-associated protein expressed in migrating and differentiating neurons. Neuron **23**:247-56.

103. **Francke, U.** 1999. Williams-Beuren syndrome: genes and mechanisms. Hum Mol Genet **8**:1947-54.

104. **Frangiskakis, J. M., A. K. Ewart, C. A. Morris, C. B. Mervis, J. Bertrand, B. F. Robinson, B. P. Klein, G. J. Ensing, L. A. Everett, E. D. Green, C. Proschel, N. J. Gutowski, M. Noble, D. L. Atkinson, S. J. Odelberg, and M. T. Keating.** 1996. LIM-kinase1 hemizygosity implicated in impaired visuospatial constructive cognition. Cell **86**:59-69.

105. **Fry, A. M., T. Mayor, P. Meraldi, Y. D. Stierhof, K. Tanaka, and E. A. Nigg.** 1998. C-Nap1, a novel centrosomal coiled-coil protein and candidate substrate of the cell cycle-regulated protein kinase Nek2. J Cell Biol **141**:1563-74.

106. **Galat, A.** 2003. Peptidylprolyl cis/trans isomerases (immunophilins): biological diversity--targets--functions. Curr Top Med Chem **3**:1315-47.

107. **Galat, A.** 2000. Sequence diversification of the FK506-binding proteins in several different genomes. Eur J Biochem **267**:4945-59.

108. **Galat, A., W. S. Lane, R. F. Standaert, and S. L. Schreiber.** 1992. A rapamycin-selective 25-kDa immunophilin. Biochemistry **31**:2427-34.

109. **Galigniana, M. D., C. Radanyi, J. M. Renoir, P. R. Housley, and W. B. Pratt.** 2001. Evidence that the peptidylprolyl isomerase domain of the hsp90-binding immunophilin FKBP52 is involved in both dynein interaction and glucocorticoid receptor movement to the nucleus. J Biol Chem **276**:14884-9.

110. **Galigniana, M. D., J. L. Scruggs, J. Herrington, M. J. Welsh, C. Carter-Su, P. R. Housley, and W. B. Pratt.** 1998. Heat shock protein 90-dependent (geldanamycin-inhibited) movement of the glucocorticoid receptor through the cytoplasm to the nucleus requires intact cytoskeleton. Mol Endocrinol **12:**1903-13.

111. **Gambello, M. J., D. L. Darling, J. Yingling, T. Tanaka, J. G. Gleeson, and A. Wynshaw-Boris.** 2003. Multiple dose-dependent effects of Lis1 on cerebral cortical development. J Neurosci **23:**1719-29.

112. **Gao, F. B.** 2002. Understanding fragile X syndrome: insights from retarded flies. Neuron **34:**859-62.

113. **Garner, C. C., A. Garner, G. Huber, C. Kozak, and A. Matus.** 1990. Molecular cloning of microtubule-associated protein 1 (MAP1A) and microtubule-associated protein 5 (MAP1B): identification of distinct genes and their differential expression in developing brain. J Neurochem **55:**146-54.

114. **Garrett, S., K. Auer, D. A. Compton, and T. M. Kapoor.** 2002. hTPX2 is required for normal spindle morphology and centrosome integrity during vertebrate cell division. Curr Biol **12:**2055-9.

115. **Gergely, F., D. Kidd, K. Jeffers, J. G. Wakefield, and J. W. Raff.** 2000. D-TACC: a novel centrosomal protein required for normal spindle function in the early Drosophila embryo. Embo J **19:**241-52.

116. **Gerlach, C., M. Golding, L. Larue, M. R. Alison, and J. Gerdes.** 1997. Ki-67 immunoexpression is a robust marker of proliferative cells in the rat. Lab Invest **77:**697-8.

117. **Gertler, F. B., K. K. Hill, M. J. Clark, and F. M. Hoffmann.** 1993. Dosage-sensitive modifiers of Drosophila abl tyrosine kinase function: prospero, a regulator of axonal outgrowth, and disabled, a novel tyrosine kinase substrate. Genes Dev **7:**441-53.

118. **Gertler, F. B., K. Niebuhr, M. Reinhard, J. Wehland, and P. Soriano.** 1996. Mena, a relative of VASP and Drosophila

Enabled, is implicated in the control of microfilament dynamics. Cell **87**:227-39.

119. **Geyer, M., C. Herrmann, S. Wohlgemuth, A. Wittinghofer, and H. R. Kalbitzer.** 1997. Structure of the Ras-binding domain of RalGEF and implications for Ras binding and signalling. Nat Struct Biol **4**:694-9.

120. **Giet, R., D. McLean, S. Descamps, M. J. Lee, J. W. Raff, C. Prigent, and D. M. Glover.** 2002. Drosophila Aurora A kinase is required to localize D-TACC to centrosomes and to regulate astral microtubules. J Cell Biol **156**:437-51.

121. **Gingras, A. C., B. Raught, and N. Sonenberg.** 2001. Control of translation by the target of rapamycin proteins. Prog Mol Subcell Biol **27**:143-74.

122. **Giudicelli, F., E. Taillebourg, P. Charnay, and P. Gilardi-Hebenstreit.** 2001. Krox-20 patterns the hindbrain through both cell-autonomous and non cell-autonomous mechanisms. Genes Dev **15**:567-80.

123. **Gleeson, J. G., K. M. Allen, J. W. Fox, E. D. Lamperti, S. Berkovic, I. Scheffer, E. C. Cooper, W. B. Dobyns, S. R. Minnerath, M. E. Ross, and C. A. Walsh.** 1998. Doublecortin, a brain-specific gene mutated in human X-linked lissencephaly and double cortex syndrome, encodes a putative signaling protein. Cell **92**:63-72.

124. **Gleeson, J. G., P. T. Lin, L. A. Flanagan, and C. A. Walsh.** 1999. Doublecortin is a microtubule-associated protein and is expressed widely by migrating neurons. Neuron **23**:257-71.

125. **Gold, B. G.** 1999. FK506 and the role of the immunophilin FKBP-52 in nerve regeneration. Drug Metab Rev **31**:649-63.

126. **Gonczy, P., J. M. Bellanger, M. Kirkham, A. Pozniakowski, K. Baumer, J. B. Phillips, and A. A. Hyman.** 2001. zyg-8, a gene required for spindle positioning in C. elegans, encodes a doublecortin-related kinase that promotes microtubule assembly. Dev Cell **1**:363-75.

127. **Greenough, W. T., A. Y. Klintsova, S. A. Irwin, R. Galvez, K. E. Bates, and I. J. Weiler.** 2001. Synaptic regulation of

protein synthesis and the fragile X protein. Proc Natl Acad Sci U S A **98**:7101-6.

128. **Gromley, A., A. Jurczyk, J. Sillibourne, E. Halilovic, M. Mogensen, I. Groisman, M. Blomberg, and S. Doxsey.** 2003. A novel human protein of the maternal centriole is required for the final stages of cytokinesis and entry into S phase. J Cell Biol **161**:535-45.

129. **Gu, W., F. Pan, H. Zhang, G. J. Bassell, and R. H. Singer.** 2002. A predominantly nuclear protein affecting cytoplasmic localization of beta-actin mRNA in fibroblasts and neurons. J Cell Biol **156**:41-51.

130. **Guillaud, L., C. Bosc, A. Fourest-Lieuvin, E. Denarier, F. Pirollet, L. Lafanechere, and D. Job.** 1998. STOP proteins are responsible for the high degree of microtubule stabilization observed in neuronal cells. J Cell Biol **142**:167-79.

131. **Guimaraes, M. J., F. Lee, A. Zlotnik, and T. McClanahan.** 1995. Differential display by PCR: novel findings and applications. Nucleic Acids Res **23**:1832-3.

132. **Gupta, A., L. H. Tsai, and A. Wynshaw-Boris.** 2002. Life is a journey: a genetic look at neocortical development. Nat Rev Genet **3**:342-55.

133. **Hamburger, V., and H. L. Hamilton.** 1951. A series of normal stages in the development of the chick embryo. J. Morph. **88**:49-92.

134. **Harrison, P. J., and M. J. Owen.** 2003. Genes for schizophrenia? Recent findings and their pathophysiological implications. Lancet **361**:417-9.

135. **Harvey, P. D., P. J. Moriarty, C. Bowie, J. I. Friedman, M. Parrella, L. White, and K. L. Davis.** 2002. Cortical and subcortical cognitive deficits in schizophrenia: convergence of classifications based on language and memory skill areas. J Clin Exp Neuropsychol **24**:55-66.

136. **Hatten, M. E.** 2002. New directions in neuronal migration. Science **297**:1660-3.

137. **Hattori, M., H. Adachi, M. Tsujimoto, H. Arai, and K. Inoue.** 1994. Miller-Dieker lissencephaly gene encodes a subunit of

brain platelet-activating factor acetylhydrolase [corrected]. Nature **370**:216-8.

138. **Heitman, J., N. R. Movva, and M. N. Hall.** 1991. Targets for cell cycle arrest by the immunosuppressant rapamycin in yeast. Science **253**:905-9.

139. **Hendrickson, T. W., J. Yao, S. Bhadury, A. H. Corbett, and H. C. Joshi.** 2001. Conditional mutations in gamma-tubulin reveal its involvement in chromosome segregation and cytokinesis. Mol Biol Cell **12**:2469-81.

140. **Hiesberger, T., M. Trommsdorff, B. W. Howell, A. Goffinet, M. C. Mumby, J. A. Cooper, and J. Herz.** 1999. Direct binding of Reelin to VLDL receptor and ApoE receptor 2 induces tyrosine phosphorylation of disabled-1 and modulates tau phosphorylation. Neuron **24**:481-9.

141. **Hinchcliffe, E. H., F. J. Miller, M. Cham, A. Khodjakov, and G. Sluder.** 2001. Requirement of a centrosomal activity for cell cycle progression through G1 into S phase. Science **291**:1547-50.

142. **Hirotsune, S., M. W. Fleck, M. J. Gambello, G. J. Bix, A. Chen, G. D. Clark, D. H. Ledbetter, C. J. McBain, and A. Wynshaw-Boris.** 1998. Graded reduction of Pafah1b1 (Lis1) activity results in neuronal migration defects and early embryonic lethality. Nat Genet **19**:333-9.

143. **Hoffmann, B., W. Zuo, A. Liu, and N. R. Morris.** 2001. The LIS1-related protein NUDF of Aspergillus nidulans and its interaction partner NUDE bind directly to specific subunits of dynein and dynactin and to alpha- and gamma-tubulin. J Biol Chem **276**:38877-84.

144. **Hollander, M. C., M. S. Sheikh, D. V. Bulavin, K. Lundgren, L. Augeri-Henmueller, R. Shehee, T. A. Molinaro, K. E. Kim, E. Tolosa, J. D. Ashwell, M. P. Rosenberg, Q. Zhan, P. M. Fernandez-Salguero, W. F. Morgan, C. X. Deng, and A. J. Fornace, Jr.** 1999. Genomic instability in Gadd45a-deficient mice. Nat Genet **23**:176-84.

145. **Hong, S. E., Y. Y. Shugart, D. T. Huang, S. A. Shahwan, P. E. Grant, J. O. Hourihane, N. D. Martin, and C. A. Walsh.**

2000. Autosomal recessive lissencephaly with cerebellar hypoplasia is associated with human RELN mutations. Nat Genet **26**:93-6.

146. **Hoogenraad, C. C., B. Koekkoek, A. Akhmanova, H. Krugers, B. Dortland, M. Miedema, A. van Alphen, W. M. Kistler, M. Jaegle, M. Koutsourakis, N. Van Camp, M. Verhoye, A. van der Linden, I. Kaverina, F. Grosveld, C. I. De Zeeuw, and N. Galjart.** 2002. Targeted mutation of Cyln2 in the Williams syndrome critical region links CLIP-115 haploinsufficiency to neurodevelopmental abnormalities in mice. Nat Genet **32**:116-27.

147. **Horesh, D., T. Sapir, F. Francis, S. G. Wolf, M. Caspi, M. Elbaum, J. Chelly, and O. Reiner.** 1999. Doublecortin, a stabilizer of microtubules. Hum Mol Genet **8**:1599-610.

148. **Howard, J., and A. A. Hyman.** 2003. Dynamics and mechanics of the microtubule plus end. Nature **422**:753-8.

149. **Howell, B. W., F. B. Gertler, and J. A. Cooper.** 1997. Mouse disabled (mDab1): a Src binding protein implicated in neuronal development. Embo J **16**:121-32.

150. **Huang, Y. S., M. Y. Jung, M. Sarkissian, and J. D. Richter.** 2002. N-methyl-D-aspartate receptor signaling results in Aurora kinase-catalyzed CPEB phosphorylation and alpha CaMKII mRNA polyadenylation at synapses. Embo J **21**:2139-48.

151. **Hubank, M., and D. G. Schatz.** 1994. Identifying differences in mRNA expression by representational difference analysis of cDNA. Nucleic Acids Res **22**:5640-8.

152. **Huber, K. M., S. M. Gallagher, S. T. Warren, and M. F. Bear.** 2002. Altered synaptic plasticity in a mouse model of fragile X mental retardation. Proc Natl Acad Sci U S A **99**:7746-50.

153. **Hunter, T.** 1998. Prolyl isomerases and nuclear function. Cell **92**:141-3.

154. **Huse, M., Y. G. Chen, J. Massague, and J. Kuriyan.** 1999. Crystal structure of the cytoplasmic domain of the type I TGF beta receptor in complex with FKBP12. Cell **96**:425-36.

155. **Hyman, A., and E. Karsenti.** 1998. The role of nucleation in patterning microtubule networks. J Cell Sci **111 (Pt 15)**:2077-83.

156. **Itasaki, N., S. Bel-Vialar, and R. Krumlauf.** 1999. 'Shocking' developments in chick embryology: electroporation and in ovo gene expression. Nat Cell Biol **1**:E203-7.

157. **Jackman, M., C. Lindon, E. A. Nigg, and J. Pines.** 2003. Active cyclin B1-Cdk1 first appears on centrosomes in prophase. Nat Cell Biol **5**:143-8.

158. **Jansen, G. A., R. Ofman, S. Ferdinandusse, L. Ijlst, A. O. Muijsers, O. H. Skjeldal, O. Stokke, C. Jakobs, G. T. Besley, J. E. Wraith, and R. J. Wanders.** 1997. Refsum disease is caused by mutations in the phytanoyl-CoA hydroxylase gene. Nat Genet **17**:190-3.

159. **Jellinger, K., and A. Rett.** 1976. Agyria-pachygyria (lissencephaly syndrome). Neuropadiatrie **7**:66-91.

160. **Jin, P., and S. T. Warren.** 2000. Understanding the molecular basis of fragile X syndrome. Hum Mol Genet **9**:901-8.

161. **Jin, Y. J., and S. J. Burakoff.** 1993. The 25-kDa FK506-binding protein is localized in the nucleus and associates with casein kinase II and nucleolin. Proc Natl Acad Sci U S A **90**:7769-73.

162. **Jin, Y. J., S. J. Burakoff, and B. E. Bierer.** 1992. Molecular cloning of a 25-kDa high affinity rapamycin binding protein, FKBP25. J Biol Chem **267**:10942-5.

163. **Job, D., O. Valiron, and B. Oakley.** 2003. Microtubule nucleation. Curr Opin Cell Biol **15**:111-7.

164. **Kaech, S., B. Ludin, and A. Matus.** 1996. Cytoskeletal plasticity in cells expressing neuronal microtubule-associated proteins. Neuron **17**:1189-99.

165. **Kafatos, F. C., C. W. Jones, and A. Efstratiadis.** 1979. Determination of nucleic acid sequence homologies and relative concentrations by a dot hybridization procedure. Nucleic Acids Res **7**:1541-52.

166. **Kaftan, E., A. R. Marks, and B. E. Ehrlich.** 1996. Effects of rapamycin on ryanodine receptor/Ca(2+)-release channels from cardiac muscle. Circ Res **78**:990-7.

167. **Kalab, P., K. Weis, and R. Heald.** 2002. Visualization of a Ran-GTP gradient in interphase and mitotic Xenopus egg extracts. Science **295**:2452-6.

168. **Kandel, E. R., J. H. Schwartz, and T. M. Jessell.** 2000. Principles of neural science, New-York.

169. **Karki, S., and E. L. Holzbaur.** 1999. Cytoplasmic dynein and dynactin in cell division and intracellular transport. Curr Opin Cell Biol **11**:45-53.

170. **Karsenti, E., and I. Vernos.** 2001. The mitotic spindle: a self-made machine. Science **294**:543-7.

171. **Katayama, H., H. Zhou, Q. Li, M. Tatsuka, and S. Sen.** 2001. Interaction and feedback regulation between STK15/BTAK/Aurora-A kinase and protein phosphatase 1 through mitotic cell division cycle. J Biol Chem **276**:46219-24.

172. **Kato, G., and S. Maeda.** 1999. Neuron-specific Cdk5 kinase is responsible for mitosis-independent phosphorylation of c-Src at Ser75 in human Y79 retinoblastoma cells. J Biochem (Tokyo) **126**:957-61.

173. **Keating, T. J., and G. G. Borisy.** 2000. Immunostructural evidence for the template mechanism of microtubule nucleation. Nat Cell Biol **2**:352-7.

174. **Keating, T. J., J. G. Peloquin, V. I. Rodionov, D. Momcilovic, and G. G. Borisy.** 1997. Microtubule release from the centrosome. Proc Natl Acad Sci U S A **94**:5078-83.

175. **Keshvara, L., D. Benhayon, S. Magdaleno, and T. Curran.** 2001. Identification of reelin-induced sites of tyrosyl phosphorylation on disabled 1. J Biol Chem **276**:16008-14.

176. **Khelfaoui, M., F. Guimiot, and M. Simonneau.** 2002. Early neuronal and glial determination from mouse E10.5 telencephalon embryonic stem cells: an in vitro study. Neuroreport **13**:1209-14.

177. **Khodjakov, A., and C. L. Rieder.** 1999. The sudden recruitment of gamma-tubulin to the centrosome at the onset

of mitosis and its dynamic exchange throughout the cell cycle, do not require microtubules. J Cell Biol **146**:585-96.

178. **Khodjakov, A., C. L. Rieder, G. Sluder, G. Cassels, O. Sibon, and C. L. Wang.** 2002. De novo formation of centrosomes in vertebrate cells arrested during S phase. J Cell Biol **158**:1171-81.

179. **Kiebler, M. A., I. Hemraj, P. Verkade, M. Kohrmann, P. Fortes, R. M. Marion, J. Ortin, and C. G. Dotti.** 1999. The mammalian staufen protein localizes to the somatodendritic domain of cultured hippocampal neurons: implications for its involvement in mRNA transport. J Neurosci **19**:288-97.

180. **Kiledjian, M., and G. Dreyfuss.** 1992. Primary structure and binding activity of the hnRNP U protein: binding RNA through RGG box. Embo J **11**:2655-64.

181. **Kloc, M., and L. D. Etkin.** 1995. Two distinct pathways for the localization of RNAs at the vegetal cortex in Xenopus oocytes. Development **121**:287-97.

182. **Knop, M., and E. Schiebel.** 1997. Spc98p and Spc97p of the yeast gamma-tubulin complex mediate binding to the spindle pole body via their interaction with Spc110p. Embo J **16**:6985-95.

183. **Knowles, R. B., J. H. Sabry, M. E. Martone, T. J. Deerinck, M. H. Ellisman, G. J. Bassell, and K. S. Kosik.** 1996. Translocation of RNA granules in living neurons. J Neurosci **16**:7812-20.

184. **Kobayashi, S., K. Ishiguro, A. Omori, M. Takamatsu, M. Arioka, K. Imahori, and T. Uchida.** 1993. A cdc2-related kinase PSSALRE/cdk5 is homologous with the 30 kDa subunit of tau protein kinase II, a proline-directed protein kinase associated with microtubule. FEBS Lett **335**:171-5.

185. **Kohmura, N., K. Senzaki, S. Hamada, N. Kai, R. Yasuda, M. Watanabe, H. Ishii, M. Yasuda, M. Mishina, and T. Yagi.** 1998. Diversity revealed by a novel family of cadherins expressed in neurons at a synaptic complex. Neuron **20**:1137-51.

186. **Kohrmann, M., M. Luo, C. Kaether, L. DesGroseillers, C. G. Dotti, and M. A. Kiebler.** 1999. Microtubule-dependent recruitment of Staufen-green fluorescent protein into large RNA-containing granules and subsequent dendritic transport in living hippocampal neurons. Mol Biol Cell **10**:2945-53.

187. **Korenberg, J. R., X. N. Chen, H. Hirota, Z. Lai, U. Bellugi, D. Burian, B. Roe, and R. Matsuoka.** 2000. VI. Genome structure and cognitive map of Williams syndrome. J Cogn Neurosci **12**:89-107.

188. **Kornack, D. R., and P. Rakic.** 1998. Changes in cell-cycle kinetics during the development and evolution of primate neocortex. Proc Natl Acad Sci U S A **95**:1242-6.

189. **Krichevsky, A. M., and K. S. Kosik.** 2001. Neuronal RNA granules: a link between RNA localization and stimulation-dependent translation. Neuron **32**:683-96.

190. **Krieger, M., and J. Herz.** 1994. Structures and functions of multiligand lipoprotein receptors: macrophage scavenger receptors and LDL receptor-related protein (LRP). Annu Rev Biochem **63**:601-37.

191. **Krummrei, U., E. E. Baulieu, and B. Chambraud.** 2003. The FKBP-associated protein FAP48 is an antiproliferative molecule and a player in T cell activation that increases IL2 synthesis. Proc Natl Acad Sci U S A **100**:2444-9.

192. **Kubo, A., H. Sasaki, A. Yuba-Kubo, S. Tsukita, and N. Shiina.** 1999. Centriolar satellites: molecular characterization, ATP-dependent movement toward centrioles and possible involvement in ciliogenesis. J Cell Biol **147**:969-80.

193. **Kuchelmeister, K., M. Bergmann, and F. Gullotta.** 1993. Neuropathology of lissencephalies. Childs Nerv Syst **9**:394-9.

194. **Kunz, J., R. Henriquez, U. Schneider, M. Deuter-Reinhard, N. R. Movva, and M. N. Hall.** 1993. Target of rapamycin in yeast, TOR2, is an essential phosphatidylinositol kinase homolog required for G1 progression. Cell **73**:585-96.

195. **Kurek, I., F. Pirkl, E. Fischer, J. Buchner, and A. Breiman.** 2002. Wheat FKBP73 functions in vitro as a molecular

chaperone independently of its peptidyl prolyl cis-trans isomerase activity. Planta **215:**119-26.

196. **Kurek, I., E. Stoger, R. Dulberger, P. Christou, and A. Breiman.** 2002. Overexpression of the wheat FK506-binding protein 73 (FKBP73) and the heat-induced wheat FKBP77 in transgenic wheat reveals different functions of the two isoforms. Transgenic Res **11:**373-9.

197. **Kwon, Y. T., A. Gupta, Y. Zhou, M. Nikolic, and L. H. Tsai.** 2000. Regulation of N-cadherin-mediated adhesion by the p35-Cdk5 kinase. Curr Biol **10:**363-72.

198. **Lamar, E., C. Kintner, and M. Goulding.** 2001. Identification of NKL, a novel Gli-Kruppel zinc-finger protein that promotes neuronal differentiation. Development **128:**1335-46.

199. **Lange, B. M., A. Bachi, M. Wilm, and C. Gonzalez.** 2000. Hsp90 is a core centrosomal component and is required at different stages of the centrosome cycle in Drosophila and vertebrates. Embo J **19:**1252-62.

200. **Lange, B. M., and K. Gull.** 1995. A molecular marker for centriole maturation in the mammalian cell cycle. J Cell Biol **130:**919-27.

201. **Leclercq, M., F. Vinci, and A. Galat.** 2000. Mammalian FKBP-25 and its associated proteins. Arch Biochem Biophys **380:**20-8.

202. **Lee, M. J., F. Gergely, K. Jeffers, S. Y. Peak-Chew, and J. W. Raff.** 2001. Msps/XMAP215 interacts with the centrosomal protein D-TACC to regulate microtubule behaviour. Nat Cell Biol **3:**643-9.

203. **Lennon, G. G., and H. Lehrach.** 1991. Hybridization analyses of arrayed cDNA libraries. Trends Genet **7:**314-7.

204. **Lewis, D. O., and C. A. Yeager.** 2000. Diagnostic evaluation of the violent child and adolescent. Child Adolesc Psychiatr Clin N Am **9:**815-39.

205. **Lewis, H. A., K. Musunuru, K. B. Jensen, C. Edo, H. Chen, R. B. Darnell, and S. K. Burley.** 2000. Sequence-specific RNA binding by a Nova KH domain: implications for

paraneoplastic disease and the fragile X syndrome. Cell **100:**323-32.

206. **Li, J., M. R. Pelletier, J. L. Perez Velazquez, and P. L. Carlen.** 2002. Reduced cortical synaptic plasticity and GluR1 expression associated with fragile X mental retardation protein deficiency. Mol Cell Neurosci **19:**138-51.

207. **Li, Q., D. Hansen, A. Killilea, H. C. Joshi, R. E. Palazzo, and R. Balczon.** 2001. Kendrin/pericentrin-B, a centrosome protein with homology to pericentrin that complexes with PCM-1. J Cell Sci **114:**797-809.

208. **Liang, P., and A. B. Pardee.** 1992. Differential display of eukaryotic messenger RNA by means of the polymerase chain reaction. Science **257:**967-71.

209. **Liang, P., W. Zhu, X. Zhang, Z. Guo, R. P. O'Connell, L. Averboukh, F. Wang, and A. B. Pardee.** 1994. Differential display using one-base anchored oligo-dT primers. Nucleic Acids Res **22:**5763-4.

210. **Lin, P. T., J. G. Gleeson, J. C. Corbo, L. Flanagan, and C. A. Walsh.** 2000. DCAMKL1 encodes a protein kinase with homology to doublecortin that regulates microtubule polymerization. J Neurosci **20:**9152-61.

211. **Lisitsyn, N., and M. Wigler.** 1993. Cloning the differences between two complex genomes. Science **259:**946-51.

212. **Liu, J., J. D. Farmer, Jr., W. S. Lane, J. Friedman, I. Weissman, and S. L. Schreiber.** 1991. Calcineurin is a common target of cyclophilin-cyclosporin A and FKBP-FK506 complexes. Cell **66:**807-15.

213. **Liu, S. C., and A. J. Klein-Szanto.** 2000. Markers of proliferation in normal and leukoplakic oral epithelia. Oral Oncol **36:**145-51.

214. **Liu, Z., R. Steward, and L. Luo.** 2000. Drosophila Lis1 is required for neuroblast proliferation, dendritic elaboration and axonal transport. Nat Cell Biol **2:**776-83.

215. **Liu, Z., T. Xie, and R. Steward.** 1999. Lis1, the Drosophila homolog of a human lissencephaly disease gene, is required

for germline cell division and oocyte differentiation. Development **126:**4477-88.

216. **Lo Nigro, C., C. S. Chong, A. C. Smith, W. B. Dobyns, R. Carrozzo, and D. H. Ledbetter.** 1997. Point mutations and an intragenic deletion in LIS1, the lissencephaly causative gene in isolated lissencephaly sequence and Miller-Dieker syndrome. Hum Mol Genet **6:**157-64.

217. **Long, X., C. Spycher, Z. S. Han, A. M. Rose, F. Muller, and J. Avruch.** 2002. TOR deficiency in C. elegans causes developmental arrest and intestinal atrophy by inhibition of mRNA translation. Curr Biol **12:**1448-61.

218. **Lopez-Ilasaca, M., C. Schiene, G. Kullertz, T. Tradler, G. Fischer, and R. Wetzker.** 1998. Effects of FK506-binding protein 12 and FK506 on autophosphorylation of epidermal growth factor receptor. J Biol Chem **273:**9430-4.

219. **Lutz, W., W. L. Lingle, D. McCormick, T. M. Greenwood, and J. L. Salisbury.** 2001. Phosphorylation of centrin during the cell cycle and its role in centriole separation preceding centrosome duplication. J Biol Chem **276:**20774-80.

220. **Mamane, Y., S. Sharma, L. Petropoulos, R. Lin, and J. Hiscott.** 2000. Posttranslational regulation of IRF-4 activity by the immunophilin FKBP52. Immunity **12:**129-40.

221. **Marks, A. R.** 1996. Cellular functions of immunophilins. Physiol Rev **76:**631-49.

222. **Marshall, W. F., and J. L. Rosenbaum.** 2000. How centrioles work: lessons from green yeast. Curr Opin Cell Biol **12:**119-25.

223. **Marshall, W. F., Y. Vucica, and J. L. Rosenbaum.** 2001. Kinetics and regulation of de novo centriole assembly. Implications for the mechanism of centriole duplication. Curr Biol **11:**308-17.

224. **Marx, S. O., K. Ondrias, and A. R. Marks.** 1998. Coupled gating between individual skeletal muscle Ca2+ release channels (ryanodine receptors). Science **281:**818-21.

225. **Marx, S. O., S. Reiken, Y. Hisamatsu, T. Jayaraman, D. Burkhoff, N. Rosemblit, and A. R. Marks.** 2000. PKA phosphorylation dissociates FKBP12.6 from the calcium

release channel (ryanodine receptor): defective regulation in failing hearts. Cell **101**:365-76.

226. **Massague, J., and F. Weis-Garcia.** 1996. Serine/threonine kinase receptors: mediators of transforming growth factor beta family signals. Cancer Surv **27**:41-64.

227. **Massol, N., M. C. Lebeau, J. M. Renoir, L. E. Faber, and E. E. Baulieu.** 1992. Rabbit FKBP59-heat shock protein binding immunophillin (HBI) is a calmodulin binding protein. Biochem Biophys Res Commun **187**:1330-5.

228. **Matsumoto, N., D. T. Pilz, and D. H. Ledbetter.** 1999. Genomic structure, chromosomal mapping, and expression pattern of human DCAMKL1 (KIAA0369), a homologue of DCX (XLIS). Genomics **56**:179-83.

229. **Mayor, T., Y. D. Stierhof, K. Tanaka, A. M. Fry, and E. A. Nigg.** 2000. The centrosomal protein C-Nap1 is required for cell cycle-regulated centrosome cohesion. J Cell Biol **151**:837-46.

230. **McGrail, M., J. Gepner, A. Silvanovich, S. Ludmann, M. Serr, and T. S. Hays.** 1995. Regulation of cytoplasmic dynein function in vivo by the Drosophila Glued complex. J Cell Biol **131**:411-25.

231. **McGrail, M., and T. S. Hays.** 1997. The microtubule motor cytoplasmic dynein is required for spindle orientation during germline cell divisions and oocyte differentiation in Drosophila. Development **124**:2409-19.

232. **Megraw, T. L., L. R. Kao, and T. C. Kaufman.** 2001. Zygotic development without functional mitotic centrosomes. Curr Biol **11**:116-20.

233. **Mendez, R., and J. D. Richter.** 2001. Translational control by CPEB: a means to the end. Nat Rev Mol Cell Biol **2**:521-9.

234. **Meng, X., X. Lu, C. A. Morris, and M. T. Keating.** 1998. A novel human gene FKBP6 is deleted in Williams syndrome. Genomics **52**:130-7.

235. **Merdes, A., K. Ramyar, J. D. Vechio, and D. W. Cleveland.** 1996. A complex of NuMA and cytoplasmic dynein is essential for mitotic spindle assembly. Cell **87**:447-58.

236. **Michnick, S. W., M. K. Rosen, T. J. Wandless, M. Karplus, and S. L. Schreiber.** 1991. Solution structure of FKBP, a rotamase enzyme and receptor for FK506 and rapamycin. Science **252**:836-9.

237. **Millar, J. K., J. C. Wilson-Annan, S. Anderson, S. Christie, M. S. Taylor, C. A. Semple, R. S. Devon, D. M. Clair, W. J. Muir, D. H. Blackwood, and D. J. Porteous.** 2000. Disruption of two novel genes by a translocation co-segregating with schizophrenia. Hum Mol Genet **9**:1415-23.

238. **Miyashiro, K. Y., A. Beckel-Mitchener, T. P. Purk, K. G. Becker, T. Barret, L. Liu, S. Carbonetto, I. J. Weiler, W. T. Greenough, and J. Eberwine.** 2003. RNA cargoes associating with FMRP reveal deficits in cellular functioning in Fmr1 null mice. Neuron **37**:417-31.

239. **Miyata, Y., B. Chambraud, C. Radanyi, J. Leclerc, M. C. Lebeau, J. M. Renoir, R. Shirai, M. G. Catelli, I. Yahara, and E. E. Baulieu.** 1997. Phosphorylation of the immunosuppressant FK506-binding protein FKBP52 by casein kinase II: regulation of HSP90-binding activity of FKBP52. Proc Natl Acad Sci U S A **94**:14500-5.

240. **Mohn, A. R., R. R. Gainetdinov, M. G. Caron, and B. H. Koller.** 1999. Mice with reduced NMDA receptor expression display behaviors related to schizophrenia. Cell **98**:427-36.

241. **Moody, S. A., V. Miller, A. Spanos, and A. Frankfurter.** 1996. Developmental expression of a neuron-specific beta-tubulin in frog (Xenopus laevis): a marker for growing axons during the embryonic period. J Comp Neurol **364**:219-30.

242. **Moore, W., C. Zhang, and P. R. Clarke.** 2002. Targeting of RCC1 to chromosomes is required for proper mitotic spindle assembly in human cells. Curr Biol **12**:1442-7.

243. **Moritz, M., and D. A. Agard.** 2001. Gamma-tubulin complexes and microtubule nucleation. Curr Opin Struct Biol **11**:174-81.

244. **Moritz, M., M. B. Braunfeld, V. Guenebaut, J. Heuser, and D. A. Agard.** 2000. Structure of the gamma-tubulin ring

complex: a template for microtubule nucleation. Nat Cell Biol **2**:365-70.

245. **Moritz, M., Y. Zheng, B. M. Alberts, and K. Oegema.** 1998. Recruitment of the gamma-tubulin ring complex to Drosophila salt-stripped centrosome scaffolds. J Cell Biol **142**:775-86.

246. **Morris, C. A., S. A. Demsey, C. O. Leonard, C. Dilts, and B. L. Blackburn.** 1988. Natural history of Williams syndrome: physical characteristics. J Pediatr **113**:318-26.

247. **Morris, J. A., G. Kandpal, L. Ma, and C. P. Austin.** 2003. DISC1 (Disrupted-In-Schizophrenia 1) is a centrosome-associated protein that interacts with MAP1A, MIPT3, ATF4/5 and NUDEL: regulation and loss of interaction with mutation. Hum Mol Genet **12**:1591-608.

248. **Morris, N. R.** 1975. Mitotic mutants of Aspergillus nidulans. Genet Res **26**:237-54.

249. **Morris, R.** 2000. A rough guide to a smooth brain. Nat Cell Biol **2**:E201-2.

250. **Murphy, S. M., L. Urbani, and T. Stearns.** 1998. The mammalian gamma-tubulin complex contains homologues of the yeast spindle pole body components spc97p and spc98p. J Cell Biol **141**:663-74.

251. **Muslimov, I. A., E. Santi, P. Homel, S. Perini, D. Higgins, and H. Tiedge.** 1997. RNA transport in dendrites: a cis-acting targeting element is contained within neuronal BC1 RNA. J Neurosci **17**:4722-33.

252. **Nair, S. C., R. A. Rimerman, E. J. Toran, S. Chen, V. Prapapanich, R. N. Butts, and D. F. Smith.** 1997. Molecular cloning of human FKBP51 and comparisons of immunophilin interactions with Hsp90 and progesterone receptor. Mol Cell Biol **17**:594-603.

253. **Nakagawa, Y., Y. Yamane, T. Okanoue, and S. Tsukita.** 2001. Outer dense fiber 2 is a widespread centrosome scaffold component preferentially associated with mother centrioles: its identification from isolated centrosomes. Mol Biol Cell **12**:1687-97.

254. **Nakao, M., B. Sato, M. Koga, K. Noma, S. Kishimoto, and K. Matsumoto.** 1985. Identification of immunoassayable estrogen receptor lacking hormone binding ability in tamoxifen-treated rat uterus. Biochem Biophys Res Commun **132**:336-42.

255. **Nakayama, A. Y., M. B. Harms, and L. Luo.** 2000. Small GTPases Rac and Rho in the maintenance of dendritic spines and branches in hippocampal pyramidal neurons. J Neurosci **20**:5329-38.

256. **Nassar, N., G. Horn, C. Herrmann, A. Scherer, F. McCormick, and A. Wittinghofer.** 1995. The 2.2 A crystal structure of the Ras-binding domain of the serine/threonine kinase c-Raf1 in complex with Rap1A and a GTP analogue. Nature **375**:554-60.

257. **Nehring, R. B., H. P. Horikawa, O. El Far, M. Kneussel, J. H. Brandstatter, S. Stamm, E. Wischmeyer, H. Betz, and A. Karschin.** 2000. The metabotropic GABAB receptor directly interacts with the activating transcription factor 4. J Biol Chem **275**:35185-91.

258. **Nguyen, H., J. Hiscott, and P. M. Pitha.** 1997. The growing family of interferon regulatory factors. Cytokine Growth Factor Rev **8**:293-312.

259. **Niethammer, M., D. S. Smith, R. Ayala, J. Peng, J. Ko, M. S. Lee, M. Morabito, and L. H. Tsai.** 2000. NUDEL is a novel Cdk5 substrate that associates with LIS1 and cytoplasmic dynein. Neuron **28**:697-711.

260. **Nikolic, M., M. M. Chou, W. Lu, B. J. Mayer, and L. H. Tsai.** 1998. The p35/Cdk5 kinase is a neuron-specific Rac effector that inhibits Pak1 activity. Nature **395**:194-8.

261. **Oakley, B. R., and N. R. Morris.** 1980. Nuclear movement is beta--tubulin-dependent in Aspergillus nidulans. Cell **19**:255-62.

262. **O'Connell, K. F., C. Caron, K. R. Kopish, D. D. Hurd, K. J. Kemphues, Y. Li, and J. G. White.** 2001. The C. elegans zyg-1 gene encodes a regulator of centrosome duplication with

distinct maternal and paternal roles in the embryo. Cell **105**:547-58.

263. **O'Donnell, W. T., and S. T. Warren.** 2002. A decade of molecular studies of fragile X syndrome. Annu Rev Neurosci **25**:315-38.

264. **Oegema, K., C. Wiese, O. C. Martin, R. A. Milligan, A. Iwamatsu, T. J. Mitchison, and Y. Zheng.** 1999. Characterization of two related Drosophila gamma-tubulin complexes that differ in their ability to nucleate microtubules. J Cell Biol **144**:721-33.

265. **Ohshima, T., J. M. Ward, C. G. Huh, G. Longenecker, Veeranna, H. C. Pant, R. O. Brady, L. J. Martin, and A. B. Kulkarni.** 1996. Targeted disruption of the cyclin-dependent kinase 5 gene results in abnormal corticogenesis, neuronal pathology and perinatal death. Proc Natl Acad Sci U S A **93**:11173-8.

266. **Ozeki, Y., T. Tomoda, J. Kleiderlein, A. Kamiya, L. Bord, K. Fujii, M. Okawa, N. Yamada, M. E. Hatten, S. H. Snyder, C. A. Ross, and A. Sawa.** 2003. Disrupted-in-Schizophrenia-1 (DISC-1): mutant truncation prevents binding to NudE-like (NUDEL) and inhibits neurite outgrowth. Proc Natl Acad Sci U S A **100**:289-94.

267. **Paluh, J. L., E. Nogales, B. R. Oakley, K. McDonald, A. L. Pidoux, and W. Z. Cande.** 2000. A mutation in gamma-tubulin alters microtubule dynamics and organization and is synthetically lethal with the kinesin-like protein pkl1p. Mol Biol Cell **11**:1225-39.

268. **Paoletti, A., M. Moudjou, M. Paintrand, J. L. Salisbury, and M. Bornens.** 1996. Most of centrin in animal cells is not centrosome-associated and centrosomal centrin is confined to the distal lumen of centrioles. J Cell Sci **109 (Pt 13)**:3089-102.

269. **Peattie, D. A., M. W. Harding, M. A. Fleming, M. T. DeCenzo, J. A. Lippke, D. J. Livingston, and M. Benasutti.** 1992. Expression and characterization of human FKBP52, an immunophilin that associates with the 90-kDa heat shock

protein and is a component of steroid receptor complexes. Proc Natl Acad Sci U S A **89**:10974-8.

270. **Peoples, R., Y. Franke, Y. K. Wang, L. Perez-Jurado, T. Paperna, M. Cisco, and U. Francke**. 2000. A physical map, including a BAC/PAC clone contig, of the Williams- Beuren syndrome--deletion region at 7q11.23. Am J Hum Genet **66**:47-68.

271. **Pfister, K. K.** 1999. Cytoplasmic dynein and microtubule transport in the axon: the action connection. Mol Neurobiol **20**:81-91.

272. **Piel, M., P. Meyer, A. Khodjakov, C. L. Rieder, and M. Bornens.** 2000. The respective contributions of the mother and daughter centrioles to centrosome activity and behavior in vertebrate cells. J Cell Biol **149**:317-30.

273. **Pierschbacher, M. D., and E. Ruoslahti.** 1984. Cell attachment activity of fibronectin can be duplicated by small synthetic fragments of the molecule. Nature **309**:30-3.

274. **Pigino, G., G. Paglini, L. Ulloa, J. Avila, and A. Caceres.** 1997. Analysis of the expression, distribution and function of cyclin dependent kinase 5 (cdk5) in developing cerebellar macroneurons. J Cell Sci **110 (Pt 2)**:257-70.

275. **Pratt, W. B., and D. O. Toft.** 1997. Steroid receptor interactions with heat shock protein and immunophilin chaperones. Endocr Rev **18**:306-60.

276. **Prestle, J., P. M. Janssen, A. P. Janssen, O. Zeitz, S. E. Lehnart, L. Bruce, G. L. Smith, and G. Hasenfuss.** 2001. Overexpression of FK506-binding protein FKBP12.6 in cardiomyocytes reduces ryanodine receptor-mediated Ca(2+) leak from the sarcoplasmic reticulum and increases contractility. Circ Res **88**:188-94.

277. **Prigozhina, N. L., R. A. Walker, C. E. Oakley, and B. R. Oakley.** 2001. Gamma-tubulin and the C-terminal motor domain kinesin-like protein, KLPA, function in the establishment of spindle bipolarity in Aspergillus nidulans. Mol Biol Cell **12**:3161-74.

278. **Purpura, D. P.** 1974. Dendritic spine "dysgenesis" and mental retardation. Science **186**:1126-8.

279. **Quintyne, N. J., S. R. Gill, D. M. Eckley, C. L. Crego, D. A. Compton, and T. A. Schroer.** 1999. Dynactin is required for microtubule anchoring at centrosomes. J Cell Biol **147**:321-34.

280. **Rakic, P.** 1995. Corticogenesis in Human and Nonhuman Primates, p. 127-145. *In* M. S. Gazzaniga (ed.), The cognitive neurosciences. The MIT Press, Cambridge.

281. **Rakic, P.** 1995. A small step for the cell, a giant leap for mankind: a hypothesis of neocortical expansion during evolution. Trends Neurosci **18**:383-8.

282. **Rakic, P.** 1988. Specification of cerebral cortical areas. Science **241**:170-6.

283. **Rashid, T., M. Banerjee, and M. Nikolic.** 2001. Phosphorylation of Pak1 by the p35/Cdk5 kinase affects neuronal morphology. J Biol Chem **276**:49043-52.

284. **Reddy, R. K., I. Kurek, A. M. Silverstein, M. Chinkers, A. Breiman, and P. Krishna.** 1998. High-molecular-weight FK506-binding proteins are components of heat-shock protein 90 heterocomplexes in wheat germ lysate. Plant Physiol **118**:1395-401.

285. **Reiner, O., R. Carrozzo, Y. Shen, M. Wehnert, F. Faustinella, W. B. Dobyns, C. T. Caskey, and D. H. Ledbetter.** 1993. Isolation of a Miller-Dieker lissencephaly gene containing G protein beta-subunit-like repeats. Nature **364**:717-21.

286. **Renoir, J. M., C. Radanyi, L. E. Faber, and E. E. Baulieu.** 1990. The non-DNA-binding heterooligomeric form of mammalian steroid hormone receptors contains a hsp90-bound 59-kilodalton protein. J Biol Chem **265**:10740-5.

287. **Rice, D. S., M. Sheldon, G. D'Arcangelo, K. Nakajima, D. Goldowitz, and T. Curran.** 1998. Disabled-1 acts downstream of Reelin in a signaling pathway that controls laminar organization in the mammalian brain. Development **125**:3719-29.

288. **Richter, J. D.** 2001. Think globally, translate locally: what mitotic spindles and neuronal synapses have in common. Proc Natl Acad Sci U S A **98**:7069-71.

289. **Richter, J. D., and L. J. Lorenz.** 2002. Selective translation of mRNAs at synapses. Curr Opin Neurobiol **12**:300-4.

290. **Riparbelli, M. G., G. Callaini, D. M. Glover, and C. Avides Mdo.** 2002. A requirement for the Abnormal Spindle protein to organise microtubules of the central spindle for cytokinesis in Drosophila. J Cell Sci **115**:913-22.

291. **Ripoll, P., S. Pimpinelli, M. M. Valdivia, and J. Avila.** 1985. A cell division mutant of Drosophila with a functionally abnormal spindle. Cell **41**:907-12.

292. **Riviere, S., A. Menez, and A. Galat.** 1993. On the localization of FKBP25 in T-lymphocytes. FEBS Lett **315**:247-51.

293. **Ross, E. D., P. R. Hardwidge, and L. J. Maher, 3rd.** 2001. HMG proteins and DNA flexibility in transcription activation. Mol Cell Biol **21**:6598-605.

294. **Rotonda, J., J. J. Burbaum, H. K. Chan, A. I. Marcy, and J. W. Becker.** 1993. Improved calcineurin inhibition by yeast FKBP12-drug complexes. Crystallographic and functional analysis. J Biol Chem **268**:7607-9.

295. **Ruiz-Binder, N. E., S. Geimer, and M. Melkonian.** 2002. In vivo localization of centrin in the green alga Chlamydomonas reinhardtii. Cell Motil Cytoskeleton **52**:43-55.

296. **Sabatini, D. M., H. Erdjument-Bromage, M. Lui, P. Tempst, and S. H. Snyder.** 1994. RAFT1: a mammalian protein that binds to FKBP12 in a rapamycin- dependent fashion and is homologous to yeast TORs. Cell **78**:35-43.

297. **Sah, V. P., L. D. Attardi, G. J. Mulligan, B. O. Williams, R. T. Bronson, and T. Jacks.** 1995. A subset of p53-deficient embryos exhibit exencephaly. Nat Genet **10**:175-80.

298. **Salisbury, J. L.** 1995. Centrin, centrosomes, and mitotic spindle poles. Curr Opin Cell Biol **7**:39-45.

299. **Salisbury, J. L., K. M. Suino, R. Busby, and M. Springett.** 2002. Centrin-2 is required for centriole duplication in mammalian cells. Curr Biol **12**:1287-92.

300. **Sampaio, P., E. Rebollo, H. Varmark, C. E. Sunkel, and C. Gonzalez.** 2001. Organized microtubule arrays in gamma-tubulin-depleted Drosophila spermatocytes. Curr Biol **11**:1788-93.

301. **Sapir, T., M. Elbaum, and O. Reiner.** 1997. Reduction of microtubule catastrophe events by LIS1, platelet-activating factor acetylhydrolase subunit. Embo J **16**:6977-84.

302. **Sapir, T., D. Horesh, M. Caspi, R. Atlas, H. A. Burgess, S. G. Wolf, F. Francis, J. Chelly, M. Elbaum, S. Pietrokovski, and O. Reiner.** 2000. Doublecortin mutations cluster in evolutionarily conserved functional domains. Hum Mol Genet **9**:703-12.

303. **Sasaki, S., A. Shionoya, M. Ishida, M. J. Gambello, J. Yingling, A. Wynshaw-Boris, and S. Hirotsune.** 2000. A LIS1/NUDEL/cytoplasmic dynein heavy chain complex in the developing and adult nervous system. Neuron **28**:681-96.

304. **Saunders, R. D., M. C. Avides, T. Howard, C. Gonzalez, and D. M. Glover.** 1997. The Drosophila gene abnormal spindle encodes a novel microtubule-associated protein that associates with the polar regions of the mitotic spindle. J Cell Biol **137**:881-90.

305. **Schaeffer, C., B. Bardoni, J. L. Mandel, B. Ehresmann, C. Ehresmann, and H. Moine.** 2001. The fragile X mental retardation protein binds specifically to its mRNA via a purine quartet motif. Embo J **20**:4803-13.

306. **Schaeffer, C., M. Beaulande, C. Ehresmann, B. Ehresmann, and H. Moine.** 2003. The RNA binding protein FMRP: new connections and missing links. Biol Cell **95**:221-8.

307. **Schena, M., D. Shalon, R. W. Davis, and P. O. Brown.** 1995. Quantitative monitoring of gene expression patterns with a complementary DNA microarray. Science **270**:467-70.

308. **Schenck, A., B. Bardoni, C. Langmann, N. Harden, J. L. Mandel, and A. Giangrande.** 2003. CYFIP/Sra-1 controls neuronal connectivity in Drosophila and links the Rac1 GTPase pathway to the fragile X protein. Neuron **38**:887-98.

309. **Schenck, A., B. Bardoni, A. Moro, C. Bagni, and J. L. Mandel.** 2001. A highly conserved protein family interacting with the fragile X mental retardation protein (FMRP) and displaying selective interactions with FMRP-related proteins FXR1P and FXR2P. Proc Natl Acad Sci U S A **98:**8844-9.

310. **Schiene-Fischer, C., and C. Yu.** 2001. Receptor accessory folding helper enzymes: the functional role of peptidyl prolyl cis/trans isomerases. FEBS Lett **495:**1-6.

311. **Schreiber, S. L.** 1992. Immunophilin-sensitive protein phosphatase action in cell signaling pathways. Cell **70:**365-8.

312. **Schwartz, M. A.** 2001. Integrin signaling revisited. Trends Cell Biol **11:**466-70.

313. **Scott, L. J., K. McKeage, S. J. Keam, and G. L. Plosker.** 2003. Tacrolimus: a further update of its use in the management of organ transplantation. Drugs **63:**1247-97.

314. **Senzaki, K., M. Ogawa, and T. Yagi.** 1999. Proteins of the CNR family are multiple receptors for Reelin. Cell **99:**635-47.

315. **Sewell, T. J., E. Lam, M. M. Martin, J. Leszyk, J. Weidner, J. Calaycay, P. Griffin, H. Williams, S. Hung, J. Cryan, and et al.** 1994. Inhibition of calcineurin by a novel FK-506-binding protein. J Biol Chem **269:**21094-102.

316. **Sheldon, M., D. S. Rice, G. D'Arcangelo, H. Yoneshima, K. Nakajima, K. Mikoshiba, B. W. Howell, J. A. Cooper, D. Goldowitz, and T. Curran.** 1997. Scrambler and yotari disrupt the disabled gene and produce a reeler-like phenotype in mice. Nature **389:**730-3.

317. **Shen, M. M., H. Wang, and P. Leder.** 1997. A differential display strategy identifies Cryptic, a novel EGF-related gene expressed in the axial and lateral mesoderm during mouse gastrulation. Development **124:**429-42.

318. **Shen, Q., W. Zhong, Y. N. Jan, and S. Temple.** 2002. Asymmetric Numb distribution is critical for asymmetric cell division of mouse cerebral cortical stem cells and neuroblasts. Development **129:**4843-53.

319. **Sheppard, A. M., and A. L. Pearlman.** 1997. Abnormal reorganization of preplate neurons and their associated

extracellular matrix: an early manifestation of altered neocortical development in the reeler mutant mouse. J Comp Neurol **378**:173-9.

320. **Shou, W., B. Aghdasi, D. L. Armstrong, Q. Guo, S. Bao, M. J. Charng, L. M. Mathews, M. D. Schneider, S. L. Hamilton, and M. M. Matzuk.** 1998. Cardiac defects and altered ryanodine receptor function in mice lacking FKBP12. Nature **391**:489-92.

321. **Siomi, H., M. J. Matunis, W. M. Michael, and G. Dreyfuss.** 1993. The pre-mRNA binding K protein contains a novel evolutionarily conserved motif. Nucleic Acids Res **21**:1193-8.

322. **Siomi, H., M. C. Siomi, R. L. Nussbaum, and G. Dreyfuss.** 1993. The protein product of the fragile X gene, FMR1, has characteristics of an RNA-binding protein. Cell **74**:291-8.

323. **Siomi, M. C., K. Higashijima, A. Ishizuka, and H. Siomi.** 2002. Casein kinase II phosphorylates the fragile X mental retardation protein and modulates its biological properties. Mol Cell Biol **22**:8438-47.

324. **Smith, D. S., M. Niethammer, R. Ayala, Y. Zhou, M. J. Gambello, A. Wynshaw-Boris, and L. H. Tsai.** 2000. Regulation of cytoplasmic dynein behaviour and microtubule organization by mammalian Lis1. Nat Cell Biol **2**:767-75.

325. **Snyder, E. M., B. D. Philpot, K. M. Huber, X. Dong, J. R. Fallon, and M. F. Bear.** 2001. Internalization of ionotropic glutamate receptors in response to mGluR activation. Nat Neurosci **4**:1079-85.

326. **Snyder, S. H., M. M. Lai, and P. E. Burnett.** 1998. Immunophilins in the nervous system. Neuron **21**:283-94.

327. **Snyder, S. H., and D. M. Sabatini.** 1995. Immunophilins and the nervous system. Nat Med **1**:32-7.

328. **Snyder, S. H., D. M. Sabatini, M. M. Lai, J. P. Steiner, G. S. Hamilton, and P. D. Suzdak.** 1998. Neural actions of immunophilin ligands. Trends Pharmacol Sci **19**:21-6.

329. **Sossey-Alaoui, K., and A. K. Srivastava.** 1999. DCAMKL1, a brain-specific transmembrane protein on 13q12.3 that is similar to doublecortin (DCX). Genomics **56**:121-6.

330. **Southern, E. M.** 1975. Detection of specific sequences among DNA fragments separated by gel electrophoresis. J Mol Biol **98**:503-17.

331. **Steiner, J. P., T. M. Dawson, M. Fotuhi, C. E. Glatt, A. M. Snowman, N. Cohen, and S. H. Snyder.** 1992. High brain densities of the immunophilin FKBP colocalized with calcineurin. Nature **358**:584-7.

332. **Steward, O., and E. M. Schuman.** 2001. Protein synthesis at synaptic sites on dendrites. Annu Rev Neurosci **24**:299-325.

333. **Storey, K. G., J. M. Crossley, E. M. De Robertis, W. E. Norris, and C. D. Stern.** 1992. Neural induction and regionalisation in the chick embryo. Development **114**:729-41.

334. **Sumi, T., K. Matsumoto, Y. Takai, and T. Nakamura.** 1999. Cofilin phosphorylation and actin cytoskeletal dynamics regulated by rho- and Cdc42-activated LIM-kinase 2. J Cell Biol **147**:1519-32.

335. **Sundell, C. L., and R. H. Singer.** 1990. Actin mRNA localizes in the absence of protein synthesis. J Cell Biol **111**:2397-403.

336. **Sunkel, C. E., and D. M. Glover.** 1988. polo, a mitotic mutant of Drosophila displaying abnormal spindle poles. J Cell Sci **89** (Pt 1):25-38.

337. **Swan, A., T. Nguyen, and B. Suter.** 1999. Drosophila Lissencephaly-1 functions with Bic-D and dynein in oocyte determination and nuclear positioning. Nat Cell Biol **1**:444-9.

338. **Szabo, A., J. Dalmau, G. Manley, M. Rosenfeld, E. Wong, J. Henson, J. B. Posner, and H. M. Furneaux.** 1991. HuD, a paraneoplastic encephalomyelitis antigen, contains RNA-binding domains and is homologous to Elav and Sex-lethal. Cell **67**:325-33.

339. **Szollosi, D., P. Calarco, and R. P. Donahue.** 1972. Absence of centrioles in the first and second meiotic spindles of mouse oocytes. J Cell Sci **11**:521-41.

340. **Szybalski, W.** 1985. Universal restriction endonucleases: designing novel cleavage specificities by combining adapter oligodeoxynucleotide and enzyme moieties. Gene **40**:169-73.

341. **Tai, C. Y., D. L. Dujardin, N. E. Faulkner, and R. B. Vallee.** 2002. Role of dynein, dynactin, and CLIP-170 interactions in LIS1 kinetochore function. J Cell Biol **156**:959-68.

342. **Tai, P. K., M. W. Albers, H. Chang, L. E. Faber, and S. L. Schreiber.** 1992. Association of a 59-kilodalton immunophilin with the glucocorticoid receptor complex. Science **256**:1315-8.

343. **Tai, P. K., Y. Maeda, K. Nakao, N. G. Wakim, J. L. Duhring, and L. E. Faber.** 1986. A 59-kilodalton protein associated with progestin, estrogen, androgen, and glucocorticoid receptors. Biochemistry **25**:5269-75.

344. **Takahashi, M., H. Mukai, K. Oishi, T. Isagawa, and Y. Ono.** 2000. Association of immature hypophosphorylated protein kinase cepsilon with an anchoring protein CG-NAP. J Biol Chem **275**:34592-6.

345. **Takahashi, M., H. Shibata, M. Shimakawa, M. Miyamoto, H. Mukai, and Y. Ono.** 1999. Characterization of a novel giant scaffolding protein, CG-NAP, that anchors multiple signaling enzymes to centrosome and the golgi apparatus. J Biol Chem **274**:17267-74.

346. **Takahashi, M., A. Yamagiwa, T. Nishimura, H. Mukai, and Y. Ono.** 2002. Centrosomal proteins CG-NAP and kendrin provide microtubule nucleation sites by anchoring gamma-tubulin ring complex. Mol Biol Cell **13**:3235-45.

347. **Takahashi, T., R. S. Nowakowski, and V. S. Caviness, Jr.** 1995. Early ontogeny of the secondary proliferative population of the embryonic murine cerebral wall. J Neurosci **15**:6058-68.

348. **Tassabehji, M., K. Metcalfe, A. Karmiloff-Smith, M. J. Carette, J. Grant, N. Dennis, W. Reardon, M. Splitt, A. P. Read, and D. Donnai.** 1999. Williams syndrome: use of chromosomal microdeletions as a tool to dissect cognitive and physical phenotypes. Am J Hum Genet **64**:118-25.

349. **Tay, J., R. Hodgman, M. Sarkissian, and J. D. Richter.** 2003. Regulated CPEB phosphorylation during meiotic progression suggests a mechanism for temporal control of maternal mRNA translation. Genes Dev **17**:1457-62.

350. **Taylor, K. R., A. K. Holzer, J. F. Bazan, C. A. Walsh, and J. G. Gleeson.** 2000. Patient mutations in doublecortin define a repeated tubulin-binding domain. J Biol Chem **275**:34442-50.

351. **Taylor, W. R., and G. R. Stark.** 2001. Regulation of the G2/M transition by p53. Oncogene **20**:1803-15.

352. **Trieselmann, N., and A. Wilde.** 2002. Ran localizes around the microtubule spindle in vivo during mitosis in Drosophila embryos. Curr Biol **12**:1124-9.

353. **Trommsdorff, M., M. Gotthardt, T. Hiesberger, J. Shelton, W. Stockinger, J. Nimpf, R. E. Hammer, J. A. Richardson, and J. Herz.** 1999. Reeler/Disabled-like disruption of neuronal migration in knockout mice lacking the VLDL receptor and ApoE receptor 2. Cell **97**:689-701.

354. **Tsai, M. Y., C. Wiese, K. Cao, O. Martin, P. Donovan, J. Ruderman, C. Prigent, and Y. Zheng.** 2003. A Ran signalling pathway mediated by the mitotic kinase Aurora A in spindle assembly. Nat Cell Biol **5**:242-8.

355. **Valdivia, H. H.** 2001. Cardiac ryanodine receptors and accessory proteins: augmented expression does not necessarily mean big function. Circ Res **88**:134-6.

356. **Valero, M. C., O. de Luis, J. Cruces, and L. A. Perez Jurado.** 2000. Fine-scale comparative mapping of the human 7q11.23 region and the orthologous region on mouse chromosome 5G: the low-copy repeats that flank the Williams-Beuren syndrome deletion arose at breakpoint sites of an evolutionary inversion(s). Genomics **69**:1-13.

357. **Vanderklish, P. W., and G. M. Edelman.** 2002. Dendritic spines elongate after stimulation of group 1 metabotropic glutamate receptors in cultured hippocampal neurons. Proc Natl Acad Sci U S A **99**:1639-44.

358. **Vardy, L., A. Fujita, and T. Toda.** 2002. The gamma-tubulin complex protein Alp4 provides a link between the metaphase checkpoint and cytokinesis in fission yeast. Genes Cells **7**:365-73.

359. **Vardy, L., and T. Toda.** 2000. The fission yeast gamma-tubulin complex is required in G(1) phase and is a component of the spindle assembly checkpoint. Embo J **19**:6098-111.

360. **Velculescu, V. E., L. Zhang, B. Vogelstein, and K. W. Kinzler.** 1995. Serial analysis of gene expression. Science **270**:484-7.

361. **Vernon, E., G. Meyer, L. Pickard, K. Dev, E. Molnar, G. L. Collingridge, and J. M. Henley.** 2001. GABA(B) receptors couple directly to the transcription factor ATF4. Mol Cell Neurosci **17**:637-45.

362. **Vittorioso, P., R. Cowling, J. D. Faure, M. Caboche, and C. Bellini.** 1998. Mutation in the Arabidopsis PASTICCINO1 gene, which encodes a new FK506-binding protein-like protein, has a dramatic effect on plant development. Mol Cell Biol **18**:3034-43.

363. **Vogel, J., and M. Snyder.** 2000. The carboxy terminus of Tub4p is required for gamma-tubulin function in budding yeast. J Cell Sci **113 Pt 21**:3871-82.

364. **Wada, J., and Y. S. Kanwar.** 1998. Characterization of mammalian translocase of inner mitochondrial membrane (Tim44) isolated from diabetic newborn mouse kidney. Proc Natl Acad Sci U S A **95**:144-9.

365. **Wade, P. A.** 2001. Transcriptional control at regulatory checkpoints by histone deacetylases: molecular connections between cancer and chromatin. Hum Mol Genet **10**:693-8.

366. **Wang, H., A. Iacoangeli, S. Popp, I. A. Muslimov, H. Imataka, N. Sonenberg, I. B. Lomakin, and H. Tiedge.** 2002. Dendritic BC1 RNA: functional role in regulation of translation initiation. J Neurosci **22**:10232-41.

367. **Wang, T., P. K. Donahoe, and A. S. Zervos.** 1994. Specific interaction of type I receptors of the TGF-beta family with the immunophilin FKBP-12. Science **265**:674-6.

368. **White, J. H., R. A. McIllhinney, A. Wise, F. Ciruela, W. Y. Chan, P. C. Emson, A. Billinton, and F. H. Marshall.** 2000. The GABAB receptor interacts directly with the related

transcription factors CREB2 and ATFx. Proc Natl Acad Sci U S A **97**:13967-72.

369. **Wiese, C., and Y. Zheng.** 2000. A new function for the gamma-tubulin ring complex as a microtubule minus-end cap. Nat Cell Biol **2**:358-64.

370. **Willins, D. A., B. Liu, X. Xiang, and N. R. Morris.** 1997. Mutations in the heavy chain of cytoplasmic dynein suppress the nudF nuclear migration mutation of Aspergillus nidulans. Mol Gen Genet **255**:194-200.

371. **Wittmann, T., H. Boleti, C. Antony, E. Karsenti, and I. Vernos.** 1998. Localization of the kinesin-like protein Xklp2 to spindle poles requires a leucine zipper, a microtubule-associated protein, and dynein. J Cell Biol **143**:673-85.

372. **Wood, W. B., R. Hecht, S. Carr, R. Vanderslice, N. Wolf, and D. Hirsh.** 1980. Parental effects and phenotypic characterization of mutations that affect early development in Caenorhabditis elegans. Dev Biol **74**:446-69.

373. **Wynshaw-Boris, A., and M. J. Gambello.** 2001. LIS1 and dynein motor function in neuronal migration and development. Genes Dev **15**:639-51.

374. **Xiang, X., S. M. Beckwith, and N. R. Morris.** 1994. Cytoplasmic dynein is involved in nuclear migration in Aspergillus nidulans. Proc Natl Acad Sci U S A **91**:2100-4.

375. **Xiang, X., A. H. Osmani, S. A. Osmani, M. Xin, and N. R. Morris.** 1995. NudF, a nuclear migration gene in Aspergillus nidulans, is similar to the human LIS-1 gene required for neuronal migration. Mol Biol Cell **6**:297-310.

376. **Xiang, X., W. Zuo, V. P. Efimov, and N. R. Morris.** 1999. Isolation of a new set of Aspergillus nidulans mutants defective in nuclear migration. Curr Genet **35**:626-30.

377. **Xie, Z., K. Sanada, B. A. Samuels, H. Shih, and L. H. Tsai.** 2003. Serine 732 phosphorylation of FAK by Cdk5 is important for microtubule organization, nuclear movement, and neuronal migration. Cell **114**:469-82.

378. **Yamazaki, H., T. Nakata, Y. Okada, and N. Hirokawa.** 1996. Cloning and characterization of KAP3: a novel kinesin

superfamily-associated protein of KIF3A/3B. Proc Natl Acad Sci U S A **93**:8443-8.

379. **Yan, X., F. Li, Y. Liang, Y. Shen, X. Zhao, Q. Huang, and X. Zhu.** 2003. Human Nudel and NudE as regulators of cytoplasmic dynein in poleward protein transport along the mitotic spindle. Mol Cell Biol **23**:1239-50.

380. **Yang, W. M., Y. L. Yao, and E. Seto.** 2001. The FK506-binding protein 25 functionally associates with histone deacetylases and with transcription factor YY1. Embo J **20**:4814-25.

381. **Yang, Y. H., and T. Speed.** 2002. Design issues for cDNA microarray experiments. Nat Rev Genet **3**:579-88.

382. **Yao, D., J. J. Dore, Jr., and E. B. Leof.** 2000. FKBP12 is a negative regulator of transforming growth factor-beta receptor internalization. J Biol Chem **275**:13149-54.

383. **Yem, A. W., A. G. Tomasselli, R. L. Heinrikson, H. Zurcher-Neely, V. A. Ruff, R. A. Johnson, and M. R. Deibel, Jr.** 1992. The Hsp56 component of steroid receptor complexes binds to immobilized FK506 and shows homology to FKBP-12 and FKBP-13. J Biol Chem **267**:2868-71.

384. **Young, A., J. B. Dictenberg, A. Purohit, R. Tuft, and S. J. Doxsey.** 2000. Cytoplasmic dynein-mediated assembly of pericentrin and gamma tubulin onto centrosomes. Mol Biol Cell **11**:2047-56.

385. **Yuan, L., J. G. Liu, J. Zhao, E. Brundell, B. Daneholt, and C. Hoog.** 2000. The murine SCP3 gene is required for synaptonemal complex assembly, chromosome synapsis, and male fertility. Mol Cell **5**:73-83.

386. **Zakin, L., B. Reversade, B. Virlon, C. Rusniok, P. Glaser, J. M. Elalouf, and P. Brulet.** 2000. Gene expression profiles in normal and Otx2-/- early gastrulating mouse embryos. Proc Natl Acad Sci U S A **97**:14388-93.

387. **Zalfa, F., M. Giorgi, B. Primerano, A. Moro, A. Di Penta, S. Reis, B. Oostra, and C. Bagni.** 2003. The fragile X syndrome protein FMRP associates with BC1 RNA and regulates the translation of specific mRNAs at synapses. Cell **112**:317-27.

388. **Zhang, Y. Q., A. M. Bailey, H. J. Matthies, R. B. Renden, M. A. Smith, S. D. Speese, G. M. Rubin, and K. Broadie.** 2001. Drosophila fragile X-related gene regulates the MAP1B homolog Futsch to control synaptic structure and function. Cell **107**:591-603.

389. **Zheng, X. F., D. Florentino, J. Chen, G. R. Crabtree, and S. L. Schreiber.** 1995. TOR kinase domains are required for two distinct functions, only one of which is inhibited by rapamycin. Cell **82**:121-30.

390. **Zhong, W.** 2003. Diversifying Neural Cells through Order of Birth and Asymmetry of Division. Neuron **37**:11-4.

391. **Zhong, W., M. M. Jiang, M. D. Schonemann, J. J. Meneses, R. A. Pedersen, L. Y. Jan, and Y. N. Jan.** 2000. Mouse numb is an essential gene involved in cortical neurogenesis. Proc Natl Acad Sci U S A **97**:6844-9.

392. **Zhou, L., V. Nepote, D. L. Rowley, B. Levacher, A. Zvara, M. Santha, Q. S. Mi, M. Simonneau, and D. M. Donovan.** 2002. Murine peripherin gene sequences direct Cre recombinase expression to peripheral neurons in transgenic mice. FEBS Lett **523**:68-72.

393. **Zhou, X. Z., O. Kops, A. Werner, P. J. Lu, M. Shen, G. Stoller, G. Kullertz, M. Stark, G. Fischer, and K. P. Lu.** 2000. Pin1-dependent prolyl isomerization regulates dephosphorylation of Cdc25C and tau proteins. Mol Cell **6**:873-83.

394. **Zickler, D., and N. Kleckner.** 1999. Meiotic chromosomes: integrating structure and function. Annu Rev Genet **33**:603-754.

395. **Zimmerman, W., and S. J. Doxsey.** 2000. Construction of centrosomes and spindle poles by molecular motor-driven assembly of protein particles. Traffic **1**:927-34.

396. **Zukerberg, L. R., G. N. Patrick, M. Nikolic, S. Humbert, C. L. Wu, L. M. Lanier, F. B. Gertler, M. Vidal, R. A. Van Etten, and L. H. Tsai.** 2000. Cables links Cdk5 and c-Abl and facilitates Cdk5 tyrosine phosphorylation, kinase upregulation, and neurite outgrowth. Neuron **26**:633-46.

www.ingramcontent.com/pod-product-compliance
Lightning Source LLC
Chambersburg PA
CBHW021042210326
41598CB00016B/1080